JAVIER GIMENO MARTINEZ

Eduardo Albors

DISEÑO DE PRODUCTO

SÈRIE DISSENYADORS VALENCIANS 11

Portada: Detalle invertido de lámpara "Mariola" (Celda Iluminación)

Editen: Universitat Jaume I. Castelló
Excm. Ajuntament de Castelló

Sèrie Dissenyadors Valencians
Dirigeix la col.lecció: Wenceslao Rambla
Disva XXI (Disseny Valenciá XXI). Universitat Jaume I

Disseny i maquetació: Eduardo Albors

Assessorament lingüistic: Servei de Llengues i Terminologia de la Universitat Jaume I

Distribució: Publicacions de la Universitat Jaume I. Servei de Comunicació i Publicacions.
Campus del Riu Sec. Edifici Rectorat i Serveis Centrals.
12071 Castelló de la Plana
T. 964 728 819 Fax 964 728 832.
http://www.sic.uji.es/publ e-mail: publicacions@uji.es

Centre Municipal de Cultura - C/ Antonio Maura , 4
12001 Castelló - Tel. 964 224 627

Depósit Legal: CS-324-2005

ISBN: 84-8021-532-1

Imprimeix: Graphic Group, S.A.
Tel. 964 25 00 24 - Fax 964 25 45 15
e-mail: graphicgroup@graphicgroup.net
Castellón (España), 2005

INDICE

INTRODUCCIÓN

Eduardo Albors cuenta con una larga trayectoria profesional que comenzó en 1972 y se prolonga hasta hoy. Este periodo ha sido uno de los más interesantes de la evolución del diseño en la Comunidad Valenciana, durante el cual ha tenido lugar un cambio de mentalidad en torno a la profesión que alcanzó a las instituciones públicas, al empresariado y a los consumidores. Desde la fundación de Caps i Mans en 1972, Albors ha sido protagonista de esta evolución.

La década de los '70 vino marcada por la Transición política, un agitado periodo político que comenzó con la muerte de Franco en 1975. La democratización dio lugar a un progresivo aperturismo económico y una creciente ampliación de las libertades sociales. En lo referente a la profesión de diseñador se daban unas circunstancias poco prometedoras. Los empresarios desconocían que los productos llevaban asociada una propiedad intelectual y que un diseñador podía tener un papel fundamental en la empresa. El mercado local era poco receptivo al "diseño industrial" y las empresas estaban acostumbradas a copiar. A esta coyuntura se unía la falta de unos estudios adecuados para los diseñadores industriales. Publicidad, Bellas Artes o Interiorismo eran las únicas especialidades donde se forjaban los futuros diseñadores. A pesar de ello, la Comunidad Valenciana ofrecía un gran potencial en los campos del juguete, mueble e iluminación. En la segunda mitad de los '70 se tomaron iniciativas concretas por parte del Instituto de Promoción Industrial (IPI) que abrieron el debate sobre el diseño industrial.

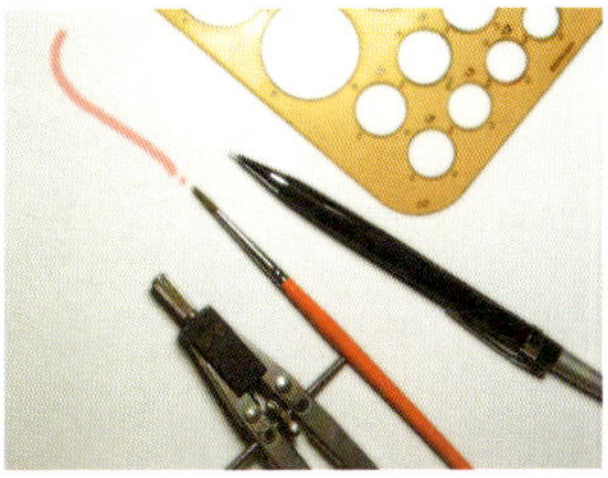

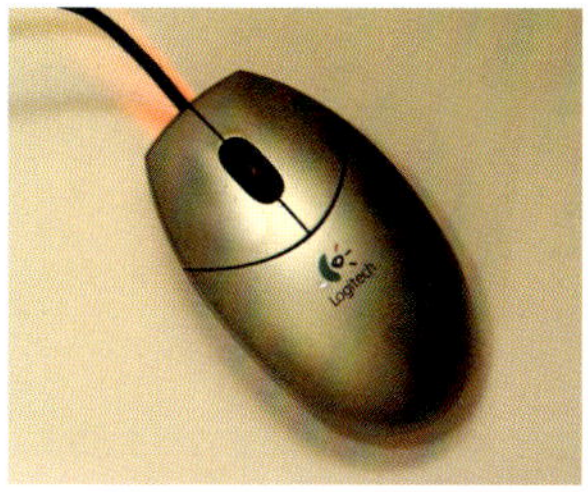

La década de los '80 inició el cambio en la concepción del diseño. Los profesionales reivindicaban su labor como un aspecto ligado a la industria, pero también a la cultura. La apuesta por la modernidad del gobierno socialista de la Generalitat Valenciana y del Ayuntamiento de Valencia procuraron los medios necesarios para que el diseño formara parte activa de la renovación de la Comunidad. La década se cerró con una situación totalmente distinta a la anterior: se fundó una asociación de diseñadores, se abrieron nuevos puntos de venta para el diseño y aparecieron programas de educación superior específicos en diseño industrial.

Los '90 supusieron el afianzamiento tanto del mueble como de la iluminación contemporánea dentro del tejido industrial de la zona. El diseño alcanzó una normalización, después del "boom" de los '80. Muchas de las grandes empresas añadieron una sección de diseño contemporáneo dentro de su catálogo, buscando la ampliación de sus clientes hacia un mercado que ganaba en presencia. Fue durante la segunda mitad de los años noventa y los primeros años de la década siguiente cuando el empresariado valenciano asumió la producción de diseño actual y donde los diseñadores encontraron su lugar dentro del organigrama empresarial.

La trayectoria de Albors ha ido unida a la evolución de este panorama empresarial. Su papel ha rebasado las funciones propias del diseñador -que normalmente se encarga del diseño del producto-, para pasar a asesorar a las empresas en todo lo relativo a imagen y producto. Albors ha colaborado estrechamente con los empresarios e incluso, a menudo, ha sido él quien ha propuesto posibles trayectorias empresariales

Su versatilidad ha hecho que explorara casi todos los campos del diseño industrial –juguete, mueble, electrodomésticos,...- a pesar de ello, ha dedicado sus mayores esfuerzos al sector de la iluminación. Un sector complicado que exige el conocimiento de normativas, tecnología, materiales y procesos. El diseñador de sistemas de iluminación actúa en dos frentes: por una parte, en la creación de las luminarias como unos objetos atractivos y funcionales, por otra, en la luz que emiten estos artefactos. Una variedad de encargos que van desde la lámpara escultórica hasta el foco de precisión. En este sentido, hace falta una personalidad versátil pues cada encargo implica una perspectiva de trabajo totalmente diferente. Albors domina los aspectos técnicos a la perfección y también sabe sacarle el potencial poético a la luz, cuando el encargo lo requiere. La materia prima del diseño de iluminación es básicamente inmaterial: la luz. Una materia prima tan etérea ofrece pocos esquemas a los que agarrarse y, por el contrario, una extensa gama de posibilidades que explorar.

Eduardo Albors / 1973

Capitulo I Los Inicios (1972-1982)

Eduardo Albors estudió Artes Aplicadas en la academia Peris-Torres durante tres años, estudios que combinó con Ciencias Empresariales. En esos momentos, Albors dudaba entre continuar el negocio familiar o dedicarse a alguna profesión alternativa. Durante este periodo conoció a Jorge Luna, un amigo de su hermano que trabajaba en Alicante para una agencia de publicidad. Él le sugirió la idea de montar un estudio de diseño. "Eso me sonó a mí a gloria. No sabía muy bien de que se trataba pero, en fin, me abrió un poco los ojos" (Albors 2000). Decidió abandonar su trabajo, sus estudios y formar Caps i Mans en 1972. Esta opción le permitía poner en práctica los conocimientos adquiridos en ambos estudios, tanto la parte creativa de artes aplicadas, como los conocimientos adquiridos en empresariales. Por un lado, controlaba la parte creativa del diseño pero también conocía el funcionamiento interno de una empresa, lo que era el marketing, un estudio de mercado, la gestión de la empresa,... Aspectos que le otorgaban una visión realista de cómo dirigir su propia empresa y también de cómo integrar sus diseños dentro de otros proyectos empresariales.

Los Primeros Años de Caps i Mans

Las actividades en torno al diseño en Valencia eran extremadamente precarias, aunque se empezaba a vislumbrar un ligero cambio. En 1967, el Colegio de Arquitectos de Valencia organizó las "Conversaciones sobre diseño industrial" en colaboración con la Asociación de Diseñadores Industriales- Fomento de las Artes Decorativas (ADI FAD). Las jornadas duraron tres días e incluyeron ponentes como Tomás Maldonado (director de la Escuela de Ulm y entonces presidente del International Council of Societies of Industrial Design-ICSID), el crítico Alexandre Cirici Pellicer o el arquitecto Antoni de Moragas. Además, se celebró una exposición retrospectiva de los Premios Delta de diseño –otorgados por el ADI FAD- desde su primera edición en 1961. Las jornadas pretendían estimular el desarrollo del diseño industrial en Valencia. Como recuerda Tomás Llorens, autor del catálogo, estas manifestaciones se producían "en un momento en que todavía no se conocía un solo caso de encargo de diseño de un producto por parte de algún industrial valenciano" (MNCARS 1998: 97). Por lo tanto, como apunta el autor, sus efectos se vieron limitados al debate cultural ya que la mentalidad empresarial existente no favorecía este desarrollo.

Por otro lado, en mayo de 1970 se inauguró la nueva Feria Muestrario Internacional de Valencia, que trasladó su sede desde la Alameda a Benimámet. Este organismo constituía un estimulante para las empresas locales, que se tuvieron que medir periódicamente con otras empresas del sector durante los certámenes feriales. Una vía de entrada a la diversidad empresarial.

En este panorama surgió Caps i Mans. Inicialmente, Albors empezó a trabajar en un concurso de tapizados para Profitós (Barcelona), otro de skay… Llegó un momento en el que tuvo que buscar clientes, a pesar de no tener antecedentes de cómo hacerlo y sin que hubiera una verdadera demanda por parte de los empresarios locales.

1

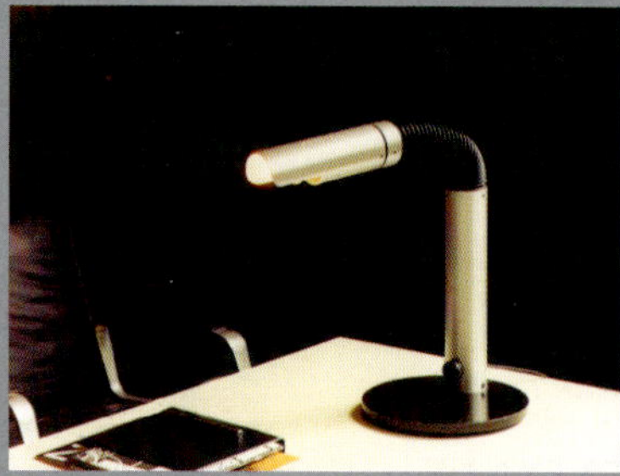
2

3

4

5

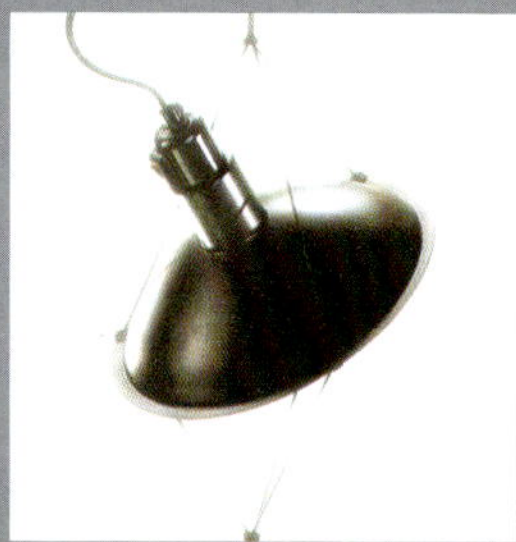
6

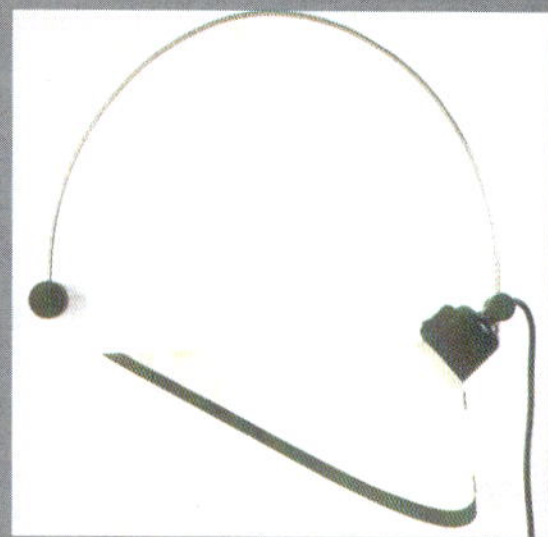
7

Lamsar

1- Doddó
2- Tubos 1
3- Tubos 3
4- Cogordo
5- Beta
6- Tresca
7-8- Visera
9- Zoom
10- Flash
11- Carpanta
12- Delta

9

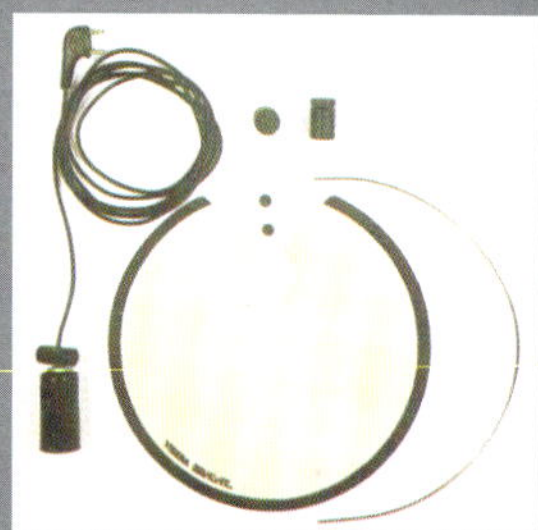
8

10

11

12

El Primer cliente: LAMSAR

Los sectores industriales valencianos más representativos incluían iluminación, muebles, cerámica, juguetes... El tejido industrial valenciano derivaba de empresas artesanales familiares que habían evolucionado conforme el mercado aumentaba. Por lo tanto, la región no era un campo desierto para un diseñador industrial, sin embargo las empresas no incluían la innovación como una de sus prioridades. Al contrario, los productos se copiaban directamente de productoras extranjeras aprovechando la celebración de ferias internacionales. Los que desempeñaban la función de diseñadores o "modelistas" eran los propios directores o gerentes de las fábricas (IMPIVA 1986 (1985)). Aún así, Albors decidió probar suerte en los sectores locales y de todos ellos se concentró en el que, ya entonces, más le atrajo: la iluminación. A través de las Páginas Amarillas, comenzó a buscar empresas de iluminación; todo eran fábricas de bronces artísticos, lámparas "clásicas"... hasta que encontró una diferente que se anunciaba como "lámparas extensibles: Lámsar" y justamente estaba enfrente de su casa.

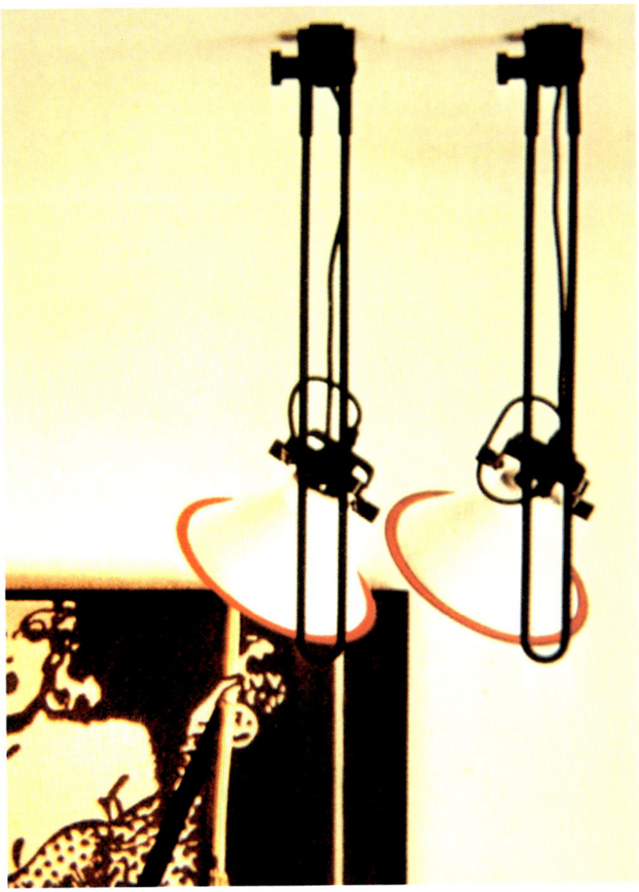

"Micro" (1979) producida por Lámsar.

Las luminarias suelen responder a tipologías establecidas: de techo, de sobremesa, de pie,...

Del primer boceto -generalmente una lámpara de sobremesa- se pasa a conformar una "familia" completa que sea coherente. Es decir, el primer modelo se traduce a las demás tipologías bajo la condición de que todas guarden lógica unitaria. "Micro" es una propuesta que se sale de estos esquemas. Un solo modelo se adapta a diferentes usos. Consiste en una pantalla multidireccional que se desliza a través de dos raíles. Los dos tubos terminan en una base que a su vez se puede regular en inclinación. Este sencillo esquema tenía multitud de aplicaciones: al techo, como foco orientable -que además se podía regular en altura-, como lámpara de mesa de despacho o también como aplique de pared. Su aspecto se situa a medio camino entre el foco técnico y el flexo de despacho. Así, aporta un carácter de "plató de fotógrafo" a los interiores que ilumina. "Micro" recibió una selección en la edición de los Premios Delta (ADI FAD) de 1986.

Se presentó ahí, por las buenas, con su "flamante tarjeta plateada" de Caps i Mans y, casualmente, el propietario, Benjamín García, llegaba de Italia con lámparas de diseño bajo el brazo dispuesto a copiarlas. Venía de la Feria de Milán con la idea de iniciar un tipo de producto de lámpara para despacho. Albors se presentó, diciendo que era un grupo de diseño, que querían trabajar en iluminación. Le propuso presentarle algunas ideas. El empresario accedió, precisamente, quería iniciar un producto diferente y hacer cosas nuevas. Así empezó una larga relación profesional.

Lámsar contaba con unas instalaciones muy limitadas. Una enorme nave vacía. con una mesa de trabajo en un rincón. La plantilla estaba compuesta por el dueño y la secretaria, que era también la montadora. Su producción consistía en utensilios para clínicas: extensibles con lupa, accesorios para hospitales..., pero su principal actividad era la iluminación. Básicamente, su producción consistía en montar lámparas de tipo extensible, basadas en el clásico modelo "L-1" de Jac Jacobsen, producido desde 1938 por la empresa noruega Luxo. Una lámpara orientable que se fija a la mesa de trabajo. El diseño original permite una ventilación de la pantalla perfecta y además incorpora un cristal interno anticalórico que permite tocar la pantalla sin quemarse, con el fin de poder dirigir la luz hacia el punto deseado. Las copias, sin embargo, solo eran un débil reflejo del original. Se basaban en la apariencia formal y obviaban estas características técnicas, originando que, cuando el usuario tocaba la pantalla para modificar la dirección de la luz, se quemara irremediablemente.

A finales de 1972 comenzaron las primeras colaboraciones con Lámsar. Albors recuerda que en ese primer año de rodaje "se hicieron unas cosas bastante espantosas: grandes, desproporcionadas... Se presentó en la Feria y casualmente tuvo mucho éxito porque no había nada de nada. Las lámparas eran carísimas, costosísimas de realización, pero salimos con ello y de ahí aprendimos mucho" (Albors 2000). En cambio, el segundo año con Lámsar dio lámparas que permanecieron largo tiempo en catálogo como "Tubos" o "Doddo".

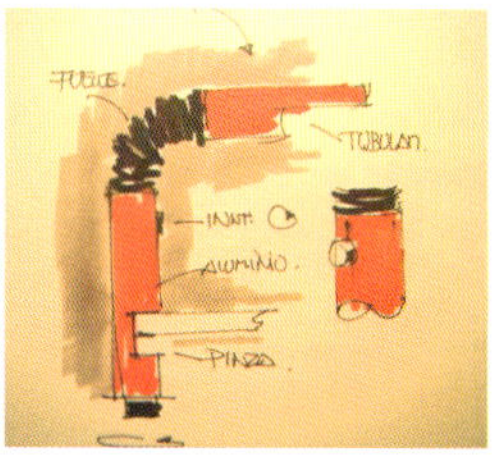

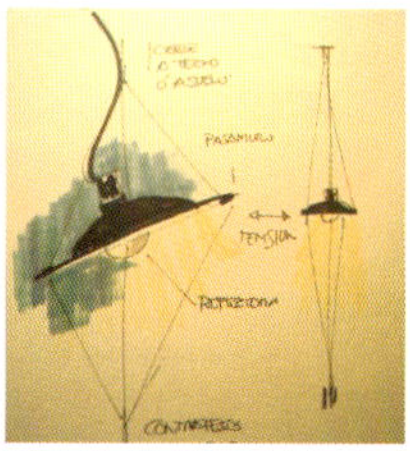

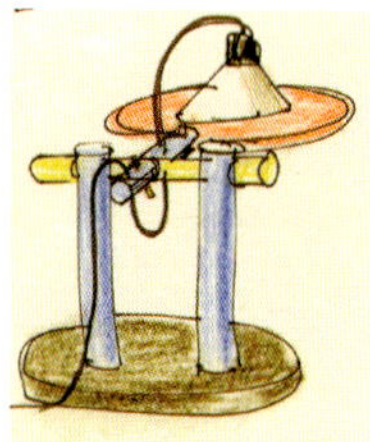

Progresivamente, se fue creando una estructura dentro de la empresa que le permitió introducirse en el mercado español, ganándose un lugar entre sus competidores -en esos momentos las empresas Tramo y Carpyen. La colaboración con Lámsar permitía una mayor seguridad económica para Caps i Mans. Para potenciar estas expectativas de crecimiento, se propuso que Jorge Luna viniese de Alicante a Valencia para actuar como director del equipo -encargado de las labores organizativas-, y a la vez, que desempeñara el puesto de director de empresa dentro de Lámsar. Luna aceptó. A la vez Jorge Luna entró en Caps i Mans y colaboró en varios proyectos.

La trayectoria de Caps i Mans y Lámsar parecían indisolublemente unidas. Las labores de Albors en Lámsar se ampliaron progresivamente desde el diseño de los productos hasta abarcar el diseño gráfico,catalogos, embalajes, stands de feria y arquitectura interior de las oficinas. Durante esos años de aprendizaje, Albors visitó todos los proveedores de Lámsar, aprendiendo los sistemas asociados a la fabricación de lámparas.

Sorongo (1979) producida por Lámsar.

Cada nuevo modelo supone una inversión, por parte de la empresa, en lo relativo a la fabricación de nuevos componentes. Esta inversión inicial acarrea un riesgo, pues puede ser recuperada o perdida, dependiendo de si el modelo encuentra aceptación en el mercado o no. Albors propuso que esta lámpara tuviera una inversión inicial mínima. Para ello, todos los componentes derivan de procesos que no requieren de moldes ni de nueva maquinaria. En cambio, se basan en procesos industriales sencillos, incluso algunos componentes son utensilios de uso común. El soporte de base es un círculo metálico entallado que abraza la base. Por su parte, la base y la pantalla provienen de un pergamino troquelado para formar sendos conos, que se cierran por medio de "clecs" de ropa. La pantalla está unida a la base utilizando ganchos del pelo. Pero además de esta inversión inicial mínima, los costos de producción son todavía menores. La lámpara está presentada como un kit de montaje que el usuario mismo tiene que ensamblar en casa. Por lo tanto, los costos de montaje descienden a cero. Este sistema "Hágalo usted mismo" se reservaba a objetos de fácil ensamblaje, como en este caso, y estuvo muy extendido durante los años '70. El resultado fue "Sorongo", una lámpara cuyas limitaciones de presupuesto inicial no afectaron al resultado creativo. Al contrario, sirvieron como aliciente para encontrar soluciones imaginativas y crear un modelo novedoso. Curiosamente, la luz no proviene de la pantalla superior sino que la base misma contiene la fuente de luz, al contrario que otras lámparas de sobremesa.

Jose Juan Belda y
Eduardo Albors en
el estudio del Vedat

La incorporación de Carlos Albert y José Juan Belda

La organización del estudio quedaba cubierta por J. Luna, pero en el aspecto creativo, Albors trabajaba en solitario. Se contempló la posibilidad de ampliar el grupo. María Alcaina, esposa de Jorge Luna, conoció casualmente en la Feria de Valencia -donde estaban montando el stand de Lámsar- a un diseñador, José Juan Belda, que trabajaba en la empresa de muebles Mocholí. En ese momento, él intentaba dejar Mocholí para crear un grupo de diseño con Carlos Albert. Belda y Albors enseguida coincidieron en muchos aspectos. Consideraron la idea de ampliar el grupo y que Belda se integrara en Caps i Mans. Belda y Albert aceptaron y Caps i Mans pasó a contar con cuatro miembros. Para abordar esta nueva fase, se mudaron al estudio que Albert y Belda tenían en Valencia. Cada uno aportó sus clientes anteriores y los trabajos se hacían en grupo. Poco después, Jorge Luna optó por salirse del grupo y entrar en la agencia de publicidad Troppo. Los tres miembros restantes continuaron durante un tiempo, hasta que Carlos Albert decidió salirse del grupo y trabajar en solitario.

Esta decisión se vio acompañada de la búsqueda de un estudio nuevo. Fuera de Valencia, encontraron una casa en la urbanización del Vedat en Torrent. Una villa antigua, en medio del monte, entre pinos que les pareció idónea desde el primer momento. En diciembre de 1976 alquilaron la casa. Esta fue una decisión importante a varios niveles, pues solamente entonces Albors y Belda se independizaron, instalaron su vivienda en el estudio y abandonaron la casa familiar. Este aspecto les proporcionaba gran flexibilidad para combinar el trabajo con el día a día. El horario de trabajo también se flexibilizó, adaptándose a las circunstancias de cada encargo y a sus "momentos de inspiración". Trabajaron prácticamente juntos: compartiendo gastos, haciendo algunos trabajos a la vez (interiorismo, diseño industrial, diseño gráfico)... Sin embargo, la dinámica de trabajo en grupo se combinaba con la atención individual a algunos clientes. En estos años, Albors y Belda realizaron numerosos viajes para ampliar sus conocimientos,visitando ferias, eventos o simplemente para ver lo que ocurría fuera del pais. Sus destinos incluyeron Barcelona, Paris ,Londres, Amsterdam, Copenhagen, Milan, Hannover y fueron al Congreso del ICSID en Méjico D.F.

Diseño de Mobiliario / Manufacturas Celda

La producción de Albors se diversificaba, añadiendo otros sectores industriales a la iluminación. La empresa Manufacturas Celda trabajaba principalmente el mueble auxiliar, preferiblemente con algún componente en metacrilato. Un material plástico que trasladaba la transparencia del vidrio a los objetos de uso cotidiano. Además, aportaba ventajas prácticas como la resistencia y la ligereza del plástico, junto con de la posibilidad de curvarlo y colorearlo fácilmente.

Manufacturas Celda era el proveedor de metacrilato de Lámsar. Así fue como Albors entró en contacto con ellos y, a partir de 1977, pasó a diseñar también para esta compañía. Entre otros productos, destacan: un perchero, un carro auxiliar y un calendario perpetuo. El perchero/paragüero está compuesto por un mástil de madera de pino y dos planchas de metacrilato cruzadas en la parte superior. Las planchas tienen un perfil ondulado que genera unos salientes para colgar las prendas. Por su parte, los paraguas se colgaban en unos calados verticales practicados a la propias piezas de metacrilato. El conjunto, con el mástil de madera y las planchas de perfil irregular, recuerda un árbol. Para reforzar esta idea se grabaron dos manzanas en la parte superior. Estas operaciones de perfilado, calado, tintado y grabado, hubieran sido más costosas en una plancha de vidrio. Además, el resultado hubiera sido más pesado y más frágil que en metacrilato.

La tipología de carrito de televisor era muy frecuente durante esa década, este modelo combina, como en el caso anterior, una estructura de madera con unos sobres de metacrilato. El televisor se coloca en el sobre superior para trasladarlo con facilidad. Tiene un esquema muy habitual: en los estantes inferiores se pueden colocar revistas y el estante intermedio tiene una recalada que permite colocar elementos altos (ej. botellas) en el estante inferior.

El calendario perpetuo consiste en un bloque de madera de perfil triangular. En el frontal figuran las cifras del 1 al 31 en la parte superior y los días de la semana en la parte inferior. Unos marcadores de metacrilato se deslizan a lo largo de unas guías practicadas en la madera. El usuario puede señalar el día del mes y la semana, sean cuales sean. Si los calendarios anuales se deben renovar cada año, en cambio este se adapta perfectamente al paso del tiempo.

Los muebles de metacrilato fueron muy populares durante la década de los '70. Es un material que permanece ligado a esta década, de la misma manera que la fundición de aluminio lo sería durante la segunda mitad de los '80. Si en esos momentos proporcionaba un aspecto actual, también databa todo lo que tocaba. Como consecuencia, los muebles de metacrilato pasaron de moda a medida que el material se "sobre-utilizó". A pesar de ello, en esos años donde predominaba el mueble "clásico", la transparencia del metacrilato ofrecía una deslumbrante modernidad a los interiores. Tanto diseñadores, como usuarios cayeron rendidos a sus pies.

El Instituto de Promoción Industrial (IPI) (1976 / 1983)

En 1975, la Cámara de Comercio, Industria y Navegación -la misma que años atrás promoviera la creación de la Feria de Muestras- organizó un ciclo de conferencias denominado "Jornadas de diseño industrial". El encargado fue el diseñador Xavier Bordils, que en esos momentos regresaba de Francia después de haber trabajado allí durante unos años. Entre los ponentes se encontraban figuras internacionales como el diseñador de la imagen corporativa de British Airways y un colaborador de Terence Conran, impulsor de las tiendas Habitat. Estas jornadas reunieron a los interesados por el diseño en la región. Creadores y productores tuvieron una de las escasas oportunidades de reflexionar sobre su profesión. Los miembros de Caps i Mans también estuvieron presentes.

Dentro de la Cámara de Comercio, Industria y Navegación se encontraba el Instituto de Promoción Industrial (IPI), fundado en 1971, que tenía como finalidad facilitar y promover la llegada de industrias a Valencia. En 1976, el IPI celebró el que fuera su mayor logro, la inauguración de la planta de Ford en Almusafes. Un proyecto que se había estado preparando los años anteriores y que finalmente se convirtió en realidad. A la inauguración asistió el Rey, Henry Ford y todo el consejo de administración de la multinacional. El IPI también contemplaba la promoción del diseño industrial y, para ello, creó ese mismo año el Departamento de Diseño Industrial, dirigido por José María del Rivero. Un año después, a finales de 1977, salió el primer número de su boletín informativo, la revista "Diseño comunicación", que dotó al diseño de cierta cohesión y visibilidad en la región. La publicación tenía una periodicidad bimestral y Xavier Bordils se encargó de coordinar los contenidos, escribir las editoriales y multitud de artículos.

"Diseño comunicación" mantenía informados a sus lectores de las principales actividades en torno al diseño que tenían lugar en el extranjero. Así, en 1979 dedicó un número integro al XI congreso del ICSID en México D.F. Algunos de los ponentes fueron Jean Baudrillard, Tomás Maldonado o Ettore Sottsass. Xavier Bordils acudió en calidad de representante del IPI y se encargó de redactar los artículos del número especial. Albors y Belda también asistieron al congreso, como público.

Esta publicación promovía la figura del diseñador dentro del contexto concreto de la Comunidad Valenciana. Una de las características específicas de la región era su tejido industrial, compuesto principalmente por empresas de mediano y pequeño tamaño. Por lo general, estas empresas tienden a ofrecer una mínima especialización de las tareas. Como hemos visto, las funciones no están desempeñadas por especialistas sino que las necesidades se van cubriendo por la plantilla de trabajadores. Tras un periodo de total ausencia dentro del panorama empresarial, se estaba definiendo la labor que el diseñador debía desempeñar. Desde "Diseño comunicación" se defendía el concepto de "diseño global" como la estrategia para ir creando ese lugar. Este concepto presentaba al diseñador como supervisor de cualquier aspecto relacionado con el producto y la imagen de la empresa. Debía actuar dentro de los campos de grafismo-señalización, arquitectura (oficinas y stands), investigación de productos-envase y el de promoción. El diseñador debía sobrepasar su papel para abarcar campos que, hoy en día, parecen competencia de otros departamentos. De esta manera, se intentaba crear un hueco para el diseñador dentro de la empresa y dejar constancia de lo fructífera que podía ser la relación diseñador-empresa.

Un buen ejemplo de este concepto de diseño global era la relación que ya unía a Albors con Lámsar, la cual estaba ofreciendo muy buenos resultados. Precisamente en 1979 Lámsar comenzó a asistir a la feria de Hannover (Alemania) donde se produjo su boom de cara a Europa. A partir de entonces, entró en contacto con diferentes puntos de venta en Bélgica, Austria, Reino Unido, Estados Unidos,... hasta formarse una gran red de distribución.

A través del IPI se organizaron otras actividades. En 1978 y 1979, se celebraron respectivamente la primera y la segunda "Muestra de Diseño Industrial del País Valenciano", coincidiendo con la Feria Muestrario Internacional de Valencia. En 1980, la tercera "Muestra del Diseño Industrial del País Valenciano" se pasó a denominar "Expo-Diseño 80" y mantuvo este nombre hasta su última edición. Estas exposiciones recogían lo más destacado del diseño que se producía en la región. Un Jurado de Calificación -compuesto por diseñadores industriales, arquitectos y críticos de arte- seleccionaba las piezas. Su doble objetivo consistía en "dar a conocer al público, empresarios y profesionales quién es quién dentro del diseño industrial valenciano" y, por otro, "estimular la atención por el diseño industrial en nuestro país" (Diseño comunicación 1978: n°2). Los criterios de selección eran "la adecuación del producto o de la empresa, funcionalidad, servicio y entretenimiento, materiales, fabricación, novedad" (Ibid 1978). En estas muestras no se daban premios, sino que se seleccionaba ciertas empresas cuyos productos destacaban por la calidad de sus diseños. Se intentaba así premiar las actuaciones de un "nuevo empresariado". Lámsar figuró entre las 20 empresas seleccionadas en 1978.

Aparte de la calidad de los productos, se promovía la creación de una cierta identidad regional. Como ya había ocurrido con otras regiones, en marzo de 1978 se proclamó el decreto-ley que instauraba la pre-autonomía del País Valenciano. Desde estas muestras, se reflexionaba por un lado, sobre lo que la región era y, por otro, lo que quería ser en el futuro. El diseño de los propios productos se entendía como la proyección de una nueva identidad regional. En este sentido, Xavier Bordils afirmaba que el objetivo de estas muestras era "conseguir que los productos industrializados del País Valenciano llegasen a ser tan genuinos y con tanta imagen para nuestra tierra como la naranja, contribuyamos todos a inventar la 'naranja mecánica'" (Diseño Comunicación 1978: n°3). De hecho, el cartel de la Primera Muestra mostraba varias naranjas tratadas con diferentes lenguajes gráficos desde la ilustración naturalista, pasando por el pictograma hasta llegar a su tratamiento "Pop", con tramas "a lo Lichtenstein". La naranja era el producto estrella de la producción agrícola valenciana que se había convertido en su seña de identidad, para bien y para mal. Bajo estas políticas de promoción del diseño subyace cierto interés por evidenciar una nueva etapa de la región, más basada en su creciente tejido industrial que en su tradicional pasado agrícola.

En este sentido, la "naranja mecánica" a la que se refiere Bordils tenía más de "mecánica" que de "naranja". Los diseñadores mostraban cada vez más interés por crear productos lo más alejados posible de los tópicos regionales. En cambio, el diseño industrial valenciano vehiculaba una nueva identidad regional que estaba, cada vez más, basada en su capacidad de posicionarse, a pie de igualdad, en mercados internacionales y, cada vez menos, en repetir estereotipos que recordasen su base agrícola. En este sentido,Eduardo Albors escribió un artículo en "Diseño Comunicación" que analizaba la situación del diseño en las empresas valencianas. En él declaraba que las pocas empresas que aplicaban diseño industrial veían como, a pesar de la crisis económica, sus productos se afianzaban en el mercado nacional y se abrían a nuevos mercados internacionales "ya que sus productos están a la altura de los producidos por países con una tecnología mucho más avanzada que la nuestra" (Albors 1979). Este artículo fue escrito con conocimiento de causa, poco después del éxito de Lámsar en la feria de Hannover, citado anteriormente.

Nou Disseny Valenciá

La profesión comenzaba a tomar cierta entidad y hubo interés en crear un núcleo valenciano de diseñadores. Ante todo, se buscaba una forma de proteger la profesión y de generar un contacto permanente entre los profesionales. Enrique Quiles, delegado de la agencia de medios Publicitas, se encargó de organizar las primeras reuniones de Nou Disseny Valencià. Su trabajo consistía en poner en contacto a publicaciones con agencias de publicidad, lo que le permitía conocer a muchos de los profesionales del sector que trabajaban en Valencia. Estas reuniones supusieron un intento de reunirlos para hablar de diseño e intercambiar experiencias. Entre los asistentes figuraban junto a Caps i Mans, Vicent Martínez, Pepe Gimeno, Daniel Nebot, Quique Landete, Carlos Errando, Lola Castelló, Luis Adelantado, Julian Bacigalupe, Nacho y Luis Lavernia … En esos momentos asociarse estaba prohibido, así que las reuniones se llevaban a cabo a escondidas,accediendo al lugar en grupos de no más de tres personas y con mucha precaución.

En estas reuniones se discutía sobre la situación del diseño o se intercambiaban conocimientos técnicos que cada uno aportaba según su especialidad. Llegó un momento en que quisieron establecerse como asociación, pero no se les concedió el permiso. Para superar esta dificultad, intentaron formar parte de la Agrupación de Diseño Industrial del Fomento de las Artes Decorativas (ADI FAD), acceso que les fue denegado. Poco después, se disolvieron aunque estas reuniones tuvieron cierta divulgación y, hoy en día, se consideran un antecedente de lo que posteriormente, en 1985, sería la Asociación de Diseñadores Profesionales de Valencia (ADPV).

La incorporación de los hermanos Lavernia

En 1979, José Juan Belda trabajaba temporalmente en Madrid y, aunque no dejó el grupo, suponía que Eduardo Albors trabajaba prácticamente en solitario. Surgió la idea de hacer crecer el grupo. A través de Nou Disseny Valencià entraron en contacto con Nacho Lavernia, quien entonces trabajaba con Luis Lavernia, su hermano. Tenían una tienda de juegos y un estudio de diseño gráfico, Tres y Dos. Se planteó la posibilidad de crear un grupo mayor con: Nacho Lavernia, Luis Lavernia, Xavier Bordils y traer de vuelta a José Juan Belda.

Así se hizo, la nueva formación mantuvo el nombre de Caps i Mans y el estudio de Tres y Dos, en la calle Cirilo Amorós esquina con Luis Pizcueta. Xavier Bordils, empezó a trabajar en el grupo aunque duró poco tiempo. Su visión del diseño le distanciaba del resto. En esos momentos, comenzaron a trabajar verdaderamente en equipo y reforzaron su estructura. Para ello, recurrieron de nuevo a Jorge Luna para que colaborara como asesor en cuanto a organización e imagen. María Alcaina entró como relaciones públicas.y posteriormente tambien lo hizo Paz Graullera. Durante este periodo Caps i Mans continuó diversificando sus campos de trabajo. Entre sus clientes se encontraba la empresa Feber (juguetes), ABC (eléctrica) y Punto Rojo (electromecánica). Fue una etapa donde Caps i Mans dio un giro importante. Organizaron exposiciones –como la celebrada en la sala de exposiciones de la Cámara Oficial de Comercio, Industria y Navegación de Alicante en 1981 - y reforzaron su visión sobre el diseño, que plasmaron en varios artículos de la revista "Diseño comunicación" (Caps i Mans 1981a, 1981b, 1981c).

caps i mans

diseño industrial

ALVIMA • AZULVALLS • A. A. I. • BORRAS • BARRIENTOS • DHOINSA • DAMA • E. A. R. • EUROCARNE. S.A. • EXASTI • FEPYR. S.A. • FERRYS • GADEA. S.A. • GEYPER • HERCRISA • H. H. PROMOTIONS • KIKO INTERNACIONAL • LAMSAR MANUFACTURAS CELDA • METALORFE • MOCHOLI • MULTIFORMA • PERMO • PUNT • PUNTO ROJO • VICENTE RAMON PONS • RIMA • TOYSE • SCHULLER • STAR • SHYK • VIDAL

eduardo albors	maria alcaina	jose juan belda	luis lavernia	nacho lavernia
[signature]	[signature]	[signature]	[signature]	[signature]

cirilo amorós 19 | 96/321 34 08 | valencia-4

No obstante, trabajar en equipo funcionaba sólo relativamente. Los cuatro componentes compartían todos los proyectos y "surgían las típicas discusiones entre creativos" (Albors 2000). Al fundirse todos en el desarrollo de un mismo proyecto se producían los inevitables conflictos de competencias, que, sin embargo, se podían haber evitado con un reparto de funciones. Después de un tiempo, cuando el equipo se hubo consolidado, Luna lo dejó. Además de su trabajo creativo, llevaron una labor de formación de nuevos diseñadores, al acoger a estudiantes en prácticas. Por este grupo pasaron futuros diseñadores importantes como Manuel Bañó, Sandra Figuerola, Marisa Gallén, Luis González o Carlos Tíscar....

Convector eléctrico (1977-1982) producido por Punto Rojo.

Albors recuerda a Punto Rojo como una de las primeras empresas de Valencia que "supieron" encargar diseño. Acudían a los diseñadores con propuestas concretas y llevaban a cabo un seguimiento cercano del proyecto. De hecho, Albors estuvo trabajando como asesor durante dos años, coordinando las características de sus productos y la comunicación. Este convector de aire caliente tiene un interesante estudio de las piezas. La carcasa necesitaba de dos piezas en inyección de plástico, que requieren de unos moldes muy costosos. Para rebajar los costes iniciales, Albors hizo un estudio y decidió que con solo un molde sacaría las dos piezas correspondientes al frontal y a la parte trasera. La forma resultante consistía en un rectángulo con una asa y un orificio. En la parte delantera, el asa hacía la función de pata, que procuraba la inclinación adecuada y el orificio albergaba un punto de luz. En cambio, en la parte trasera, el asa hacía la función de transportar el aparato. El orificio, servía entonces para sacar el cable. Un modelo que otorgaba variedad al catálogo de la empresa pero que, por su calculado despiece, implicaba poca inversión inicial.

Capota para Land-Rover

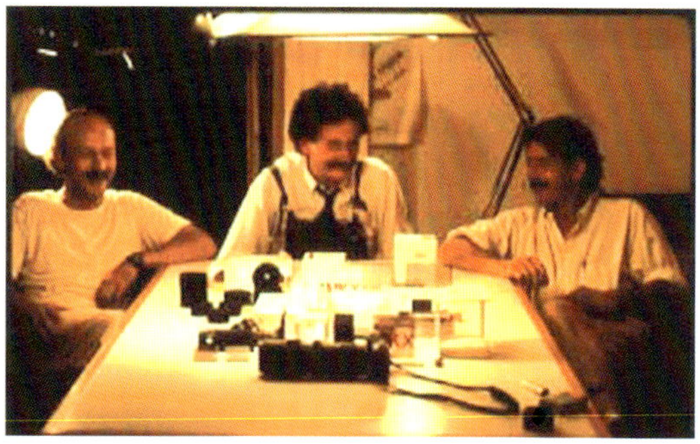

Nacho Lavernia, JJ. Belda y Albors 1980

Montar para Feber

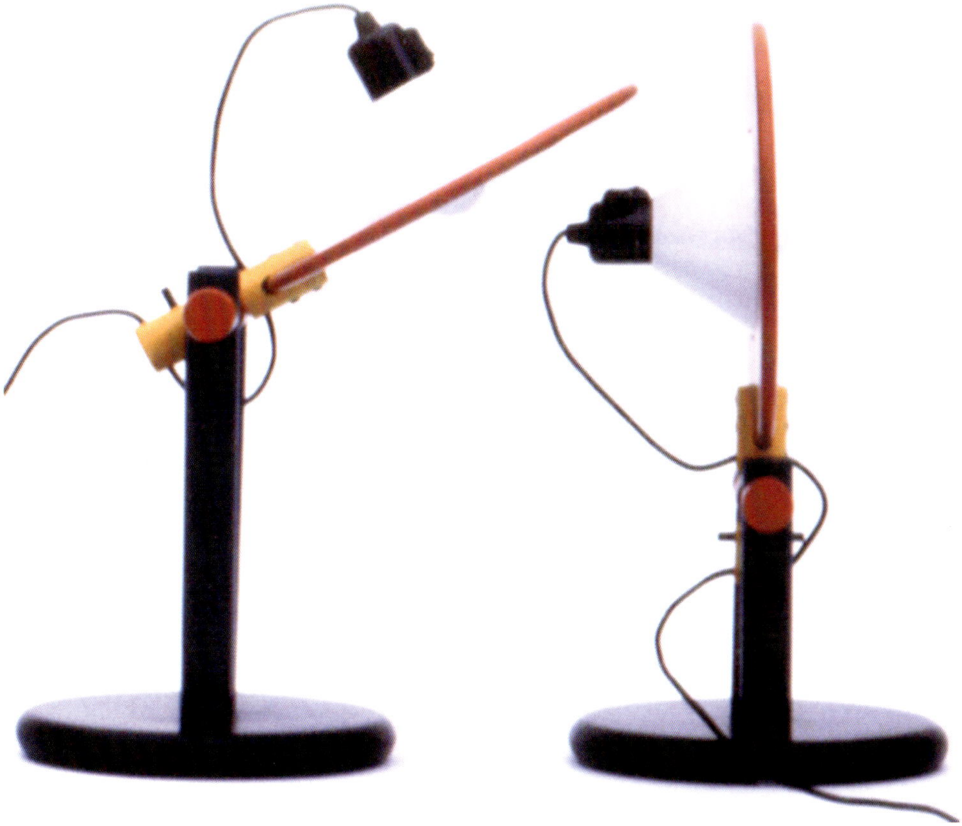

Colorín (1980) producida por Lámsar.
Durante estos años, Albors diseñaba juguetes en madera para 1ª edad -juegos de construcción, vehículos,...-, utilizando maderas torneadas lacadas en colores básicos y ensambladas con sistemas básicos como pasadores, mechones,... Trasladó su experiencia en este campo a la iluminación, dando como resultado "Colorín" un juguete para adultos. Se tuvo que utilizar aglomerado compacto (DM) en vez de madera, pues resistía mejor el calor sin deformarse.
Debía haber algo en el ambiente que invitaba a transformar los objetos de uso cotidiano en juguetes. Como él mismo apunta, Albors se adelantó a las propuestas del grupo italiano Memphis, quienes presentaron su primera colección en 1981 en Milán. Allí mostraron su propia versión del diseño radical italiano que ya se estaba desarrollando en años anteriores. Sus propuestas se basaban en coloridos objetos que desafiaban cualquier convención sobre buen gusto y elegancia. En cambio invitaban a producir nuevos objetos domésticos llenos referencias simbólicas.
Esta lámpara fue el último diseño de Albors para Lámsar, aunque posteriormente fue retomado por Ronda, que continuó con su producción, incorporándolo a su catálogo desde la primera colección de 1984.

Capítulo 2 Entre Sao Paulo y Valencia (1983-1989)

En 1982, Lámsar, el cliente más importante de Albors, detuvo su producción a causa de problemas de salud del propietario. Aún así, la empresa aprovechó la red comercial que disponía para distribuir en España los productos de iGuzzini, una multinacional italiana de iluminación.

Por aquel tiempo, Albors ya llevaba 10 años trabajando y se planteó la posibilidad de hacer actividades alternativas. Empezó a pintar, a hacer exposiciones, a trabajar media jornada con Caps i Mans y media jornada en casa para alternar las dos cosas. Entonces se planteó un viaje a las islas Fidji, a las Antípodas. La idea era cambiar de vida, tomar un año sabático,... o toda la vida sabática. Un viaje tan decisivo necesitaba de una cuidadosa preparación. Fue tomando información de todos lados, sobre las islas, sobre las tribus, las posibilidades de vivir con alguna de ellas... Cuando ya tenía prácticamente todo preparado para partir, Albors les comunicó a sus compañeros de estudio que se salía del grupo. A pesar de ello, durante los preparativos siguió colaborando con ellos.

Viaje a Fidji / 1982
100x100 Acrilico en Spray

Un día que Albors se disponía a salir de casa, sonó el teléfono. Era Adolfo Ronda, un fabricante de iluminación brasileño. Tenía una empresa en Sao Paulo y venía recomendado por Benjamín García -propietario de Lámsar-, sabía que Albors había dejado Lámsar y le interesaría que fuese a trabajar con él. Albors lo recuerda así: "Me pilló un poco de sorpresa por que, aparte, él estaba en el aeropuerto a punto de coger un avión de vuelta a Brasil. Yo no sabía de qué iba, si lo había visto una vez en Hannover, en Alemania,... pero le dije que en principio bien, que me escribiese una carta y me contase lo que pretendía. Así quedamos, que me escribiría... y me escribió" (Albors 2000).

Adolfo Ronda resultó ser un valenciano que previamente estuvo afincado en Argentina pero que vivía en Brasil desde hacía 20 años. Él quería que Albors se trasladara a Brasil y que le hiciese una colección. Ronda había importado durante años lámparas de Lámsar y las había distribuido en Brasil. Las posibilidades de fabricación eran difíciles pero entonces se consideró la viabilidad de una línea de producción propia. Hacia finales de octubre, Albors fue a Brasil a ver las instalaciones: una empresa enorme, con muchas posibilidades, con mucha infraestructura, con 120 operarios, un show-room, un taller de artesanado, una fábrica de madera, varias tiendas... Viendo la estructura, Albors le planteó abordar un trabajo mucho más extenso, un diseño global: crear una nueva empresa, una fábrica nueva, una filosofía de producto diferente, la imagen gráfica nueva, remodelar las tiendas, señalizar la fábrica,... Presentó un paquete de actuaciones para cinco años y lo aprobaron.

Lámpara de escritorio multidireccional "Taué" (1983) producida por Ronda.Las mismas influencias constructivas y formales que ya estaban presentes en "Colorín" se trasladaron a uno de los primeros diseños de Albors para Ronda. La lámpara de escritorio "Taué" reproduce el lenguaje colorista de los juguetes de madera, además de su transparente lógica constructiva. El soporte vertical culmina en una esfera que gira sobre su eje y que tiene practicado un taladro transversal. Este taladro sujeta el brazo de la lámpara, que se desliza a través de este orificio, permitiendo que el foco de luz se acerque o se aleje del usuario, gire sobre sí mismo y también respecto al soporte vertical. Este modelo se producía en dos versiones. O bien con una base móvil o bien con una base en forma de agarradera que se fijaba a la mesa de trabajo.

BRASIL. La Empresa de iluminación Ronda

Brasil estaba viviendo un cambio social. Las clases medias progresistas, potenciales clientes del diseño, estaban experimentando un ascenso, concretamente en la región meridional. En las elecciones legislativas de 1982, ganó el partido gubernamental en la mayor parte del país pero la oposición, el Partido de Movilización Democrática, venció en los grandes estados industrializados del Sur. Precisamente donde se encuentra la megalópolis Sao Paulo-Santos-Guabara que comprende solamente un 0'5% de la extensión total del país pero donde reside el 20% de la población total, en su inmensa mayoría urbana. La dictadura brasileña (1964-1974) promovió una industrialización rápida, consecuencia de un flujo de capitales exteriores sin precedentes, una modernización de las estructuras económicas y una elevación del nivel de vida de las clases medias urbanas. Componentes que favorecieron "el milagro brasileño" que, por contra, resultó tener una corta duración. Precisamente, la protesta de las clases populares y medias fue uno de los factores de presión que facilitaron el derrocamiento de la dictadura y la progresiva democratización del país. Tras el fin de la dictadura en 1974, Brasil vivió un proceso de progresiva apertura bajo la presidencia de los generales Ernesto Geisel (1974-1979) y Joao B. Figuereido (1979-1985), que coincidió con el fin del "milagro" económico

A principios de la década de los ochenta, Brasil conoció una gran actividad constructora en sus grandes ciudades, en cambio su producción de iluminación contemporánea estaba basada en productos importados. Ante ese potencial de mercado interior, Ronda decidió emprender una transformación que llenara ese hueco en el mercado nacional. Desde 1963, la empresa había producido bronces artísticos bajo su anterior nombre, Bronzearte, y a partir de 1979 comenzó a incorporar productos de "línea moderna" en su catálogo. Solamente en 1983, pasó a la producción propia de lámparas de diseño contemporáneo. Inicialmente, Albors acudió durante un periodo de prueba de seis meses. Ronda tenía un equipo de seis personas en el gabinete de diseño: entre ellas un físico nuclear, dos arquitectos, un diseñador de packaging, un delineante, otro diseñador industrial,... La labor de Albors consistió en organizar el equipo, crear una marca nueva, la filosofía de esa empresa y la nueva gama de productos.

En 1983, se llevó a cabo la primera fase de la reestructuración de la empresa. La influencia más fuerte de los primeros '80 venía directamente del diseño italiano. Alchimia y Memphis lograron extender su ataque frontal al diseño funcionalista por toda Europa. Las máximas de "lo útil es bello" o "la forma sigue a la función" se vieron sustituidas por una celebración del valor simbólico de los objetos. Formas geométricas, colores primarios y texturas vinieron a sustituir el ideario de los diseñadores -basado en el servicio a la industria- por la creación de unos productos que ante todo trataban de estimular la imaginación de los usuarios. Esta filosofía se convirtió en la pieza central de Ronda. Albors diseñó su nueva marca, basada en la bandera de Brasil. Los elementos que la componen se desmembraron para evidenciar su naturaleza geométrica. Lo que era una bandera se convirtió en un rectángulo verde, un rombo amarillo y un círculo azul. Un perfecto exponente de diseño postmoderno, por su geometría y sus colores vivos.

Ronda do BRASIL

La primera colección se presentó en abril de 1984. En ella se incluían nuevos modelos -como "Taué", "China y "Ufo"- junto con modelos anteriormente diseñados para Lámsar –como la "Colorín"- y que se producían bajo licencia. En el folleto que sacaron para la ocasión se podía leer la declaración de intenciones de Ronda. "Queremos recuperar la carga simbólica de los objetos y devolverles su significado". Fragmento que coincide con el texto que Caps i Mans presentó en la citada exposición de la Cámara de Comercio de Alicante en 1981. Sin embargo, el texto continuaba matizando su tendencia postmoderna que, en este caso, hacían compatible con ciertas ideas propias del movimiento Moderno. "No nos sentimos inclinados ni hacia las sentencias funcionalistas de la Bauhaus, de Loos o de Bonsiepe de 'lo útil es bello', ni hacia la imaginativa ambigüedad de Sottsass, Mendini, Graves o Charles Moore -la no menos radical de 'lo bello es útil'-, porque nos gusta 'lo bello y lo útil" (Ronda 1984). Este texto traducía la realidad del diseño en países periféricos de los centros neurálgicos del diseño –como España o Brasil- donde las ideas modernas y postmodernas llegaron casi a la vez. Esta primera línea fue un gran éxito de ventas, las luminarias que la componían volvieron a incluirse en el catálogo de Ronda año tras año.

Luminaria de sobremesa "China" (1983) producida por Ronda.

Si "Sorongo" ya tenía algo de papiroflexia en su construcción, "China" fue la culminación de la experimentación de Albors con estructuras de papel.
La estructura de madera es muy sencilla y ligera, sobre ella se adaptan la pantalla de pergamino y la base de cartón. Con las adecuadas muescas se consigue que unos materiales tan frágiles den como resultado un objeto consistente. Los extremos de la estructura sobresalen de la pantalla, haciendo visible la ingeniosa lógica constructiva del objeto. Como en el caso de "Sorongo" el conjunto se vendía sin montar, listo para que el usuario lo hiciera.
"China" y "Cometa" señalan el interés de los diseñadores por las formas orientales que, junto a las formas coloristas del diseño radical italiano, supusieron los principales referentes formales de esos años. Una influencia que se advierte también en el sillón "Japan" de José Juan Belda, que produjo Martínez Medina.

Basquet

Pay-Pay

Cometa

Ufo

Haley

Ronda
ILUMINAÇÃO

Posteriormente aparecieron nuevos modelos como la "Halley" y la farola de exteriores "Basket". La empresa contaba con un show-room y con una tienda en Sao Paulo que Albors remodeló. Ronda decidió abrir una nueva tienda en la ciudad, en el nº 1966 de la calle Bela Cintra que se inauguró en 1987. Albors la diseñó íntegramente junto a la arquitecta Cintia Ema Padovan. Su intervención abarcó el edificio completo y su mobiliario interior. La fachada principal era simétrica, compuesta por formas geométricas que recreaban elementos arquitectónicos clásicos. Un amplio frontal acristalado estaba flanqueado por dos columnas rematadas por sendos pináculos. La fachada culminaba en un frontón triangular. La gran superficie acristalada actuaba como un gran escaparate para los productos expuestos en el interior. El espacio constaba de planta baja y un piso, con una zona de doble altura en el centro y una cristalera en el techo por donde entraba la luz. Las columnas cilíndricas recorrían los dos niveles, divididas en cada altura por unas abrazaderas de tubo metálico a modo de capiteles. El mobiliario interior incluía unos expositores desplazables, pensados para poder adaptar el espacio expositivo conforme entraban nuevos modelos. La fachada posterior repetía la estructura de la principal y daba salida a un jardin interior. El gris y el azul eran los colores predominantes junto a las superficies de vidrio transparente. Los detalles estaban muy cuidados. Cualquier elemento, incluso los tubos de desagüe, estaban tratados como elementos compositivos de la fachada. Para la inauguración se presentó un nuevo catálogo con más influencias "memphinianas", las formas geométricas y los colores vivos se complementaban con los estampados "bacterianos" que Sottsass aplicó tanto a sus piezas de mobiliario como a sus trabajos gráficos.

Durante cinco años, Albors estuvo alternando sus estancias en España y Brasil; a veces cuatro meses al año, otras veces seis meses al año; hasta que la empresa se puso en marcha. Ese primer contrato acabó en 1989 y, para entonces, Ronda ya tenía establecida una dinámica definida. En cambio, para Albors, resultaba cada vez más difícil atender a sus clientes españoles. Tras los primeros cinco años optaron por emprendeotro tipo de relación, en el que el centro de operaciones de Albors volvió a Valencia.

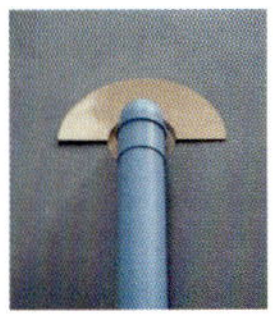

Show-Room de Ronda en Sao Paulo- 1989

Durante ese tiempo, habían ocurrido muchas cosas en Valencia que afectaban a varios frentes: la autonomía de la región, la reforma del tejido industrial y la infraestructura para la profesión de diseñador. Para empezar, se había redactado un estatuto de autonomía para la Comunidad Valenciana (julio de 1982), El Partido Socialista Obrero Español (PSOE) se había hecho con el gobierno de la Generalitat Valenciana y la alcaldía de Valencia tras las elecciones de mayo de 1983. Para la profesión había también novedades. El Instituto de la Pequeña y Mediana Industria Valenciana (IMPIVA) se fundó en 1984 y en 1985 lo hizo la Asociación de Diseñadores Profesionales de Valencia (ADPV). Respecto a Caps i Mans, había crecido en número de miembros de cuatro a once, había cambiado de estudio y tenía un nuevo nombre, La Nave.

Una nueva infraestructura para el diseño en la Comunidad Valenciana

La segunda mitad de los ochenta fue el momento en que se creó una demanda y un apoyo para el desarrollo del diseño con los que no se había contado hasta el momento. Se crearon infraestructuras a nivel estatal que dieron lugar al fenómeno que se ha conocido como "el boom del diseño español". Uno de los estimulantes más decisivos fue la Ley de Reconversión y Reindustralización, promulgada en 1984. En desarrollo de la misma, se aprobó en 1985, a iniciativa del Ministerio de Industria y Energía, el "Plan de Promoción de Diseño y Moda: Intangibles Textiles", cuya gestión se encomendó al Centro de Promoción de Diseño y Moda (CDM). A la vista de los buenos resultados, el Ministerio de Industria y Energía elaboró en 1988 un nuevo plan denominado "Plan de Promoción de Diseño, Calidad y Moda para la Pequeña y Mediana Industria Manufacturera" destinado a diversos sectores industriales: vestuario, piel, bisutería, joyería, juguete, cerámica y mueble (Buesa y Molero 1996).

A nivel regional, la nueva demanda vino a menudo de instituciones relacionadas con la Generalitat Valenciana. La combinación de los procesos de descentralización del poder en favor de los organismos autonómicos y de preparativos de la integración de España en la CEE, dio como resultado una mayor entidad de las instituciones autonómicas. A partir de entonces, estos organismos de gobierno cuidaron su imagen de una manera bien consciente. Los gobiernos autonómicos se convirtieron en clientes de los diseñadores, quienes actualizaron la imagen de las instituciones, la de los políticos y dotaron de una imagen diferenciada a las grandes ciudades. Durante estos años se dio una sintonía desconocida hasta entonces entre organismos oficiales, productores, diseñadores y consumidores.

De todas las iniciativas tomadas por la Generalitat Valenciana, la más decisiva fue la creación del Instituto de la Mediana y Pequeña Industria Valenciana (IMPIVA) que tomó el testigo del IPI. El IMPIVA comenzó sus actividades en septiembre de 1984 en su primera sede situada en el inmueble nº 6 de la entonces plaza del País Valenciano (actualmente Plaza del Ayuntamiento). Este instituto actuó como organismo autónomo de carácter económico financiero adscrito a la Consellería de Industria, Comercio y Turismo. La labor del IMPIVA se orientó al desarrollo de la industria valenciana a través de la promoción de la tecnología y el diseño industrial, el aspecto que más nos interesa. Así, dio comienzo una política de promoción del diseño equivalente a otras Comunidades Autónomas con un importante tejido industrial. Instituciones de este tipo eran el Barcelona Centre de Disseny (BCD) de Barcelona y el Diseinurako Zentrua (DZ) de Bilbao.

La labor del IMPIVA se potenció a través de su colaboración con otros organismos. En primer lugar, cabe destacar la creación en 1985 de la Asociación de Diseñadores Profesionales de Valencia (ADPV) -llamada en la actualidad Asociación de Diseñadores de la Comunidad Valenciana (ADCV). En segundo lugar, hay que citar el buen momento que pasaba la Feria Internacional del Mueble de Valencia, la más veterana e importante en España en su especialidad, cuya primera edición databa de 1963. Sus ediciones fueron cobrando relevancia año tras año. En 1983, organizó su Primer Concurso Nacional de Diseño, donde los participantes tenían que presentar una mesa de despacho. Albors participó en la categoría de profesionales y se llevó el primer premio, ex-aequo con otros siete participantes.

El IMPIVA, la ADPV y la Feria del Mueble pusieron en marcha diversas acciones conjuntas (publicaciones, exposiciones y ayudas) que no sólo fomentaron la relación entre diseñador e industria sino que lograron que en Valencia se hablara de diseño de una manera anteriormente desconocida. La figura del diseñador fue cobrando visibilidad paulatinamente hasta llegar a convertirse en un "personaje urbano".

La fundación de La Nave

Coincidiendo con la marcha a Brasil de Eduardo Albors, el resto de los componentes de Caps i Mans reforzaron progresivamente sus relaciones con el grupo Enebecé (Paco Bascuñán, "Quique" Company y Daniel Nebot). Tras un viaje a Italia en 1983, decidieron fundirse y montar un colectivo de 11 miembros: La Nave. Además, se propuso la entrada de otros componentes externos como Carlos Bento, Sandra Figuerola, Marisa Gallén y Luis González.

Necesitaban un gran espacio y encontraron una antigua nave industrial, de la que el grupo tomó el nombre, situada en el n° 200 de la calle San Vicente Mártir, al Sur de la ciudad, en la zona del Ensanche de Extramuros. Previamente, dentro de Caps i Mans ya se manejó la posibilidad de cambiar el estudio por otro más grande, y precisamente estuvieron mirando algunas naves industriales cercanas a ésta. Una propuesta que solamente se hizo realidad después, cuando se decidió montar La Nave. El gran espacio de unos 400 m^2, se renovó durante 1984 para convertirlo en un estudio de diseño. Tras su remodelación todavía conservó el aire industrial de origen.

Desde el principio, se planteó la articulación del colectivo a base de diseñadores autónomos que compartían los gastos comunes. Cada uno trabajaría individualmente, con sus propios clientes, con la posibilidad de participar juntos en trabajos de mayor envergadura. Esta forma de agruparse les permitía tener total libertad en cuanto a los días de vacaciones, horario de trabajo o rendimiento personal. Cada diseñador administraba su jornada de trabajo que no repercutiría en los demás miembros, siempre que cada uno aportara las contribuciones mensuales que cubrían los gastos del estudio.

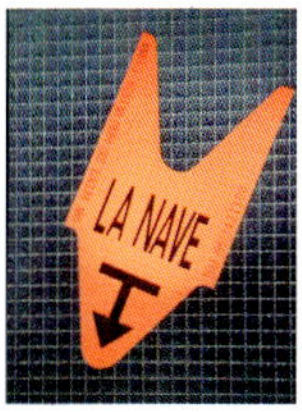

Las campañas de promoción del IMPIVA tuvieron un efecto directo en la trayectoria del grupo. En 1985, recibieron una subvención dentro del programa "Ayudas al sector terciario avanzado (empresas que aportan conocimiento –know how- a otras empresas)" bajo el concepto de "Creación de una empresa dedicada al diseño industrial". Esta concesión se basó en la peculiaridad de La Nave, dentro del contexto valenciano "La empresa, con un proyecto económicamente viable, una estructura innovadora y una capacidad empresarial y profesional probada, se sitúa en un campo de actividad de alto interés para la industria valenciana, que difícilmente encuentra en la actualidad la oferta adecuada, en cantidad y calidad, de servicios de diseño y especialmente de diseño industrial" (IMPIVA 1986: 87). Esta subvención la recibirían posteriormente otros diseñadores, -Xavier Bordils o Factoría de Diseño Industrial entre otros. Las subvenciones del IMPIVA también se concedían a productos concretos, a través de las empresas que contrataban a los diseñadores. Así ocurrió ese mismo año con un proyecto de Albors, una pistola de limpieza para tintorería, producida por la empresa Jaso Ultrasonidos. Este encargo recibió una subvención del IMPIVA en 1985 dentro de la categoría "Introducción del diseño en la Industria" que cubrió aproximadamente el 30% de la inversión inicial. Se valoró positivamente, por un lado, que la pistola de limpieza diversificaba la gama de productos de la empresa y, por otro, que el diseño atendía a la vez "a los problemas técnicos y a los aspectos estético-ergonómicos de modo que result[a] un producto atractivo y de fácil manejo" (IMPIVA 1986: 50).

Los trabajos siempre estuvieron firmados por miembros concretos del grupo, aunque se encontraban bajo el paraguas común de La Nave. La fórmula de agrupación permitió numerosas posibilidades a la hora de abordar un proyecto: en solitario, en dúo, en trío, con colaboradores externos... Esta capacidad hizo que se ganaran el calificativo de "promiscuo", como en el caso del reportaje que la revista Ardi les dedicaba, llamándolos "la banda de diseño más promiscua y feliz del país" (Ardi 1988). Albors compaginó el trabajo en La Nave con sus largas estancias en Brasil y sus cortas escapadas a Altea. Cuando estaba en Valencia, acudía a La Nave solamente por las tardes porque mantenía el estudio del Vedat. Prácticamente el trabajo creativo lo hacía por las noches y en La Nave completaba aspectos de realización, de colaboración con los demás,

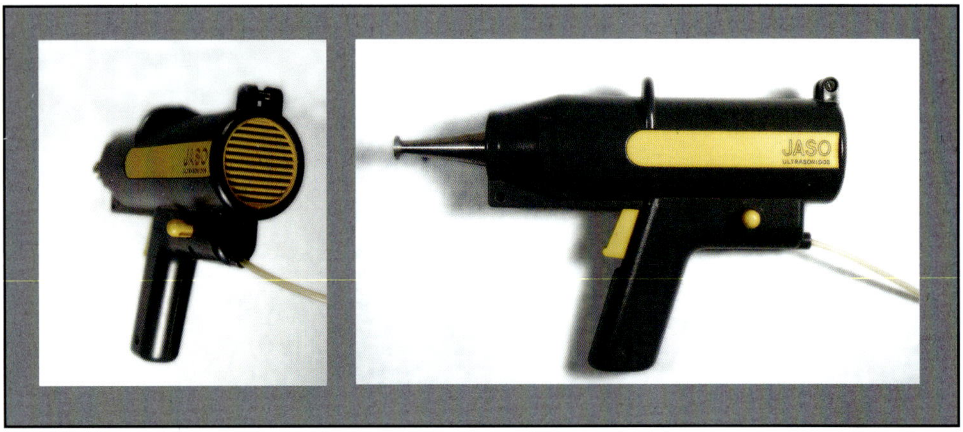

Pistola para limpieza por ultrasonidos (1985) producida por Jaso Ultrasonidos.

La empresa Jaso Ultrasonidos producía desde hacía años aparatos de ultrasonido para limpieza y desengrase de piezas de uso industrial en materiales metálicos y plásticos. En cambio, este encargo consistía en realizar una pistola de limpieza para tintorerías que debía ser fácilmente manejable. El artefacto consistía en un depósito para almacenar el disolvente, una manguera y una pistola, que tenía la doble función de pulverizar el disolvente y emitir ultrasonidos. El disolvente se adhería a las manchas y posteriormente se emitían los ultrasonidos, que tenían la función de "frotar" la mancha. La gran ventaja era que el operario no necesitaba utilizar elementos textiles para frotar la mancha, que podían dejar restos en la prenda. La pistola era la pieza que manejaba el usuario y, por lo tanto, la que requirió más trabajo por parte del diseñador. Lo primero que había que decidir era su forma concreta. No se conocían utensilios de este tipo, así es que se recurrió a otros artefactos conocidos que ya solucionaban problemas similares. Se tenían que tener en cuenta aspectos ergonómicos y que el usuario pudiera manejar un elemento pesado, con el cual tenía que apuntar hacía un objetivo concreto. Además, que dispusiera de un mecanismo para conectarlo y desconectarlo fácilmente. El referente más idóneo parecía la máquina de taladrar, que incluía el mango y el gatillo en el lugar más adecuado. Este aparato ofrecía un aspecto familiar que hacía ver inmediatamente el modo de utilización. Aún así, el conjunto debía ser más ligero, las taladradoras incluyen piezas muy pesadas en la carcasa como piezas de fundición de zamac y otros componentes metálicos que la hacen más resistente. En este caso, la resistencia tenía que combinarse con el fácil manejo. Se pretendía que esta pistola fuera utilizada por una amplia gama de usuarios, mujeres y hombres, con mayor o menor fuerza física. La pistola contenía elementos ya de por si pesados, así es que la carcasa debía ser lo más ligera posible. Para ello, se diseñó una carcasa de inyección de plástico que ofrecía el equilibrio preciso entre resistencia y ligereza. Esta pieza recibió una selección para los Premios Delta del ADI FAD en 1986.

Albors había trabajado en el sector juguetero con Toyse -que más tarde absorbería Famosa-, y con Feber. Para Famosa, diseñó en 1986 un muñeco-concepto, la línea "Spay" donde intervino, por un lado, Paco Bascuñán en la marca, y por otro, Sandra Figuerola y Marisa Gallén en el vestuario. Una colaboración que aprovechó al máximo las posibilidades de colaboración dentro de La Nave. "Spay" venía de otra galaxia. Lejos de presentar un modelo único, la serie incluía muñecos con identidades propias. Cada uno tenía un aspecto y nombre diferente, cambiaba el color del pelo, de los ojos, del nombre e incluso de género. Los accesorios eran muy diversos la cuna, el carro de paseo,la mesa para comer, el vestuario. Los complementos tenían aspecto espacial. planetas, órbitas, prendas deportivas, y para ello se utilizaron procesos variados como las holografías o las tintas térmicas.

Muñeco- Concepto Spay - Famosa

A partir de este trabajo, Albors propuso a Famosa investigar en nuevos conceptos de juguetes. No solamente dar forma a un encargo definido, sino plantear el concepto mismo del juguete. De esta labor surgieron los "Robotics", unos componibles que ofrecían la posibilidad de montar desde vehículos a pequeños robots. Constaba de unas cajas de plástico con diversos anclajes donde se acoplaban los accesorios. Estas cajas tenían un sistema de cuerda que hacía que algunos accesorios tuvieran movimiento. Las posibilidades combinatorias eran extensísimas. Los vehículos iban acompañados de unos personajes "los robotics" que los manipulaban,hacían que se moviesen y permitían crear narrativas alrrededor de los juguetes.

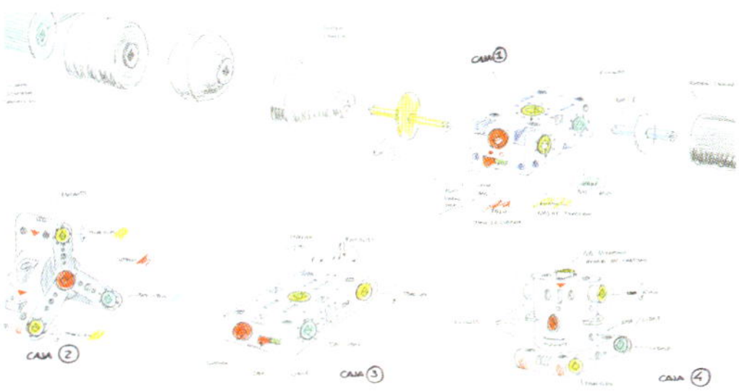

Robotics
Fase 2ª

Otra propuesta fue un juego de persecución donde los protagonistas eran los propios niños. Cada participante llevaba una pistola y un casco. La pistola "láser" desconectaba los leds de un receptor que llevaba puesto el otro jugador, mediante un mecanismo parecido al del mando a distancia de un televisor, con un alcance de 10 m. El que primero desconectaba las seis luces del contrincante, ganaba el juego. Estos dos proyectos no se llevaron a cabo. El éxito de los juguetes está íntimamente ligado a sus posibilidades publicitarias. En el caso de los "Robotics" se necesitaba una gran inversión para dar difusión al producto, que en esos momentos no se consideró viable. En el caso de la pistola láser, la publicidad destinada a niños prohibía cualquier recreación de comportamientos violentos, sin esa posibilidad, el producto no tenía expectativas de prosperar.

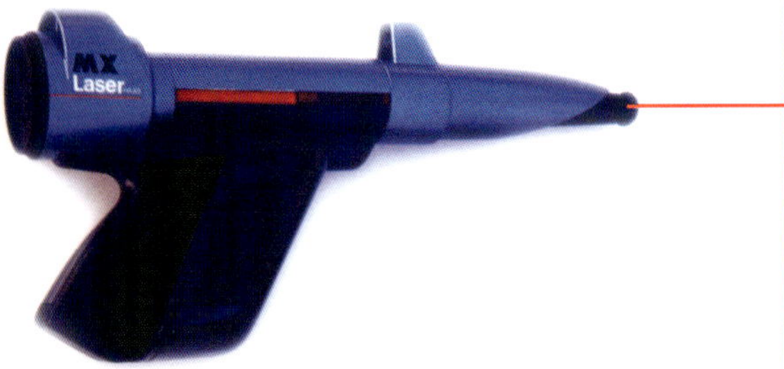

Pistola Laser 1983

Motocicleta / Famosa 1985

Fue en esta época cuando Albors teniendo la necesidad de hacer prototipos a sus clientes, principalmente para Famosa convenció a Rafa Murillo, que entonces era su profesor de vela y un virtuoso de las maquetas, para que montara un taller de prototipos industriales. Así nació Mc Indus (Maquetas Industriales) que mas tarde se llamaría Maquindus. Rafa Murillo compartió taller-estudio con Manolo Bañó que se iniciaba en el diseño industrial, Albors asesoró a ambos en sus inicios. Maquindus realizó durante años los prototipos de Albors en el sector del juguete para Famosa, en iluminación entre ellos el foco "Quasar" de Trumbo y en calefacción para Punto Rojo, entre otros.

Politoy / Centro de Juego.
Aro de Oro
1º Premio FEIJU 1981

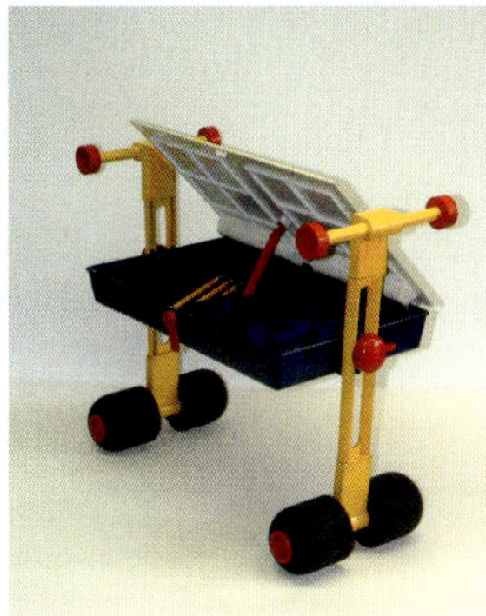

Lo que si tuvo una buena fortuna comercial fueron unos triciclos eléctricos a tamaño real realizados por rotomoldeo. Este proceso de fabricación era novedoso y permitía obtener grandes formas en plástico. El proceso requiere de una enorme máquina de 8 m. de diámetro, de las cuales solamente había dos en España en esos momentos, y Famosa disponía de una de ellas. Para cada pieza se realizaba un molde y dentro del molde se depositaba el plástico en polvo. El molde se insertaba en la gran máquina, que lo hacía girar y calentarse al mismo tiempo, de modo que el polímero en polvo se plastificaba y se adhería a las paredes, dando como resultado una forma hueca. Tras una fase de enfriamiento la pieza se desmoldeaba y ya estaba lista. El rotomoldeo permite realizar grandes piezas de plástico con un espesor constante de unos 5 mm. y de una sola pieza -muy resistentes y muy ligeras a la vez. Mediante este proceso se evitaban las grandes piezas compuestas por la unión de otras más pequeñas que, como resultado, dan una estructura más débil.

Así como ocurrió con la lámpara "Colorin", basada en juguetes de madera coloreada para la primera infancia, Albors pensó que el sistema de rotomoldeo era idóneo para hacer luminarias de gran tamaño ya que el proceso y el material obtenido transmitian la luz de una forma muy especial y permitía muchas innovaciones, pero el desconocimiento del sistema y la ausencia de proveedores hizo que no prosperasen las ideas que tenía al respecto. Una decada después este recurso se aplicó por empresas como Luceplan, Artemide, Foscarinni, Metalarte y Marset.

Vehiculos en Rotomoldeo / Famosa 1991

Las inquietudes creativas

Muchos miembros de La Nave practicaban alguna actividad relacionada con las artes plásticas. Algunos más vinculados a la pintura, otros a la escultura o al vídeo. Lejos de distanciarlos de otros diseñadores españoles, encontramos que son muchos los que se dedican a otras disciplinas como la fotografía, la escritura o las artes plásticas. Esta característica, en cambio, los diferencia de profesionales de otros países, como apunta Emma Dent Coad:

> "Lo que siempre me ha fascinado, como crítica del diseño, es que la división del trabajo, definida en Inglaterra con tanta nitidez, en España no está tan clara. Un diseñador gráfico -América Sánchez, por ejemplo- también puede ser un fotógrafo reconocido y hacer exposiciones que inspiran columnas y más columnas de análisis. Arquitectos como Óscar Tusquets (…) diseñan juegos de té y escriben libros sobre la retórica del diseño. Mariscal, a veces desvergonzadamente comercial, se llama artista a sí mismo y expone cuadros, negándose, al mismo tiempo, a tomarse en serio. Se disfruta muchísimo intelectualizando (excepto Mariscal). Hay una deliciosa falta de esnobismo hacia las obras comerciales (…) No se me ocurre ningún paralelismo inglés con el trabajo que Miró hizo para la Oficina de Turismo española" (MNCARS 2000: 216).

Esta peculiaridad se suele achacar a la formación multidisciplinar de los diseñadores de este período. Privados, en su mayoría, de una formación especializada en diseño, adquirieron conocimientos y técnicas de otros campos creativos que siguieron cultivando. A este respecto son ilustrativas las palabras de Pepe Gimeno: "Potser la condició d'autodidacte, d'haver d'anar descobrint-ho tot un mateix, va ser la causa del meu interés per experimentar amb tota mena de técnica expressiva, des de la talla en fusta o el gravat, a l'aquarel·la, el plomí o la fotografia" (IVAM 1994: 75).

Los músicos
Cartel para actuación del grupo Shake Shake 1981

Dentro de La Nave, Eduardo Albors, Paco Bascuñán, José Juan Belda, "Quique" Company, Sandra Figuerola, o Daniel Nebot; todos desempeñaban alguna actividad artística, con una dedicación que variaba desde lo profesional a la afición. Eduardo Albors se dedicaba a la pintura con spray. Su figuración es detallada, cercana al cómic y a la ilustración. A los elementos figurativos se añadían elementos geométricos, como líneas o puntos, que completaban la composición. Muchos de sus cuadros son retratos de sus amigos, como "Luis y Alicia", "Nacho", "Carlos" o "Amélia". En cambio, en otras composiciones los motivos se vuelven más geométricos –"Conversación en la barra" o "Conversación en la terraza"- e incluso llegan a identificarse con la estructura de la composición como en "Los músicos". El spray era un medio novedoso. A base de plantillas se podían crear zonas muy delimitadas de color compacto o de degradados que daban a las pinturas un aspecto entre portada de disco, ilustración para cartel o "graffiti" callejero. Un acercamiento a la pintura heterodoxo y, sobretodo, muy actual. En 1981, su obra se expuso en la galería "Dels Artistes" de Altea.

Carpeta Ciclos
Expo Altea 1981

Durante su estancia en Brasil, Albors contactó con un grupo de artistas "graffiteros" de Sao Paulo. Su actividad era muy diferente al "graffiti" americano, donde el nombre del "graffitero" suponía el motivo central. En cambio, en Sao Paulo predominaba otro tipo de "graffiti", obtenido a través de plantillas, que combinaban ilustración y mensajes escritos. Albors reconoció paralelismos con su propia actividad pictórica y se sintió inmediatamente atraído por esta actividad.

"Graffitis"
de Sao Paulo

Paralelamente a la pintura, Albors exploró también la fotografía creativa. Esta capacidad la ha aprovechado en sus actuaciones de diseño global, donde ha desempeñado las labores de director artístico de las imágenes y, en algunos casos, también de fotógrafo. Las fotografías de los productos son un factor determinante no sólo para la imagen del producto, sino también de la propia empresa. Controlar este aspecto, le ha permitido decidir hasta el último detalle la atmósfera idónea para potenciar las calidades del producto y conseguir así un todo coherente. La forma en que éste se presenta al cliente es determinante para concretar los mensajes que rodean al producto en si.

La curiosidad inagotable de Albors le llevó incluso a componer música electrónica a principios de los '90. Durante un tiempo, la tomó muy en serio hasta que se dio cuenta de la dedicación integral que requería y decidió reservarla para otro momento.

CONVERSACIÓN EN LA BARRA / 1982
160x110 Acrilico en Spray

La Despedida / 1988 / 180X90

Amelia / 1984 / 100x60

Conversación en la terraza / 1983 / 140x70

Nacho Lavernia / 1983/ 60x70

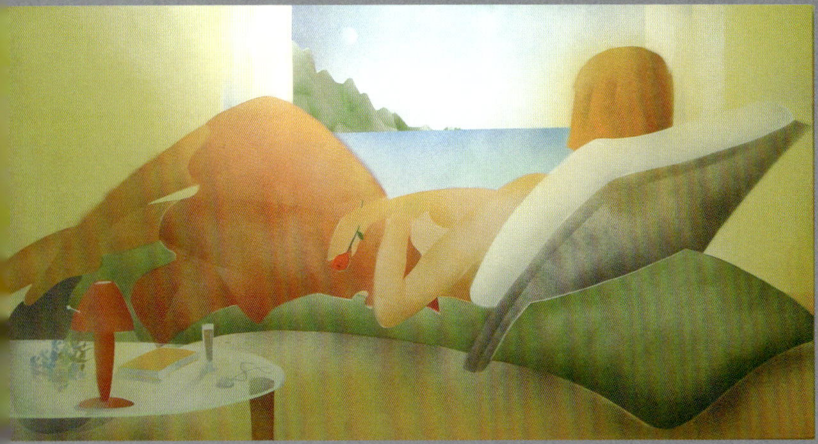
Aquel verano del 97 / 1998 / 150x80

Carlos Albert / 1982 / 100x70

"Esto no es una Silla" (1987)

La exposición "Esto no es una silla" fue organizada por la ADPV en colaboración con el IMPIVA a finales de 1987. De los 31 participantes, 9 eran miembros de La Nave -8 miembros fundadores y un colaborador del grupo, José Vicente Paredes. La exposición tuvo lugar en la sala Espai d'Art Contemporani de la Casa Museo Benlliure desde el 17 al 30 de noviembre y se expuso al año siguiente en Madrid y en Barcelona.

En ella se invitó a participar a todos los socios de la ADPV, a algunos artistas plásticos, a diseñadores de moda e incluso a artistas falleros. Se trataba de un ejercicio de intervención sobre una silla. Mejor dicho sobre el armazón, sin acabado superficial y sin tapizar, de "una silla modelo Luis XV, en interpretación sui generis del fabricante". Su controvertida naturaleza fue descrita así: "una forma artesanal que se produce con medios y procesos industriales; mezcla y degeneración de estilos fuera de contexto que ya no copia al original, sino a sí misma; una fallida pretensión de pieza clásica, noble, que compite en mercados de precio mínimo" (ADCV 1988). El material de base era representativo de la línea de mueble "clásico", que las empresas de mueble valencianas producían mayoritariamente. Justamente la línea más tradicional, mayoritaria y opuesta al producto diseñado desde unos parámetros contemporáneos que se intentaba impulsar desde la ADPV y el IMPIVA.

Imagen gráfica de la exposición
Diseño Pepe Gimeno

Esta exposición es decididamente representativa del momento que estaba pasando el diseño valenciano durante los ochenta. En los '70 la labor del diseñador se puso al servicio de la industria, sin embargo en los '80 se inició una reflexión que situaba el diseño como parte integrante del capital cultural de una región. El diseñador entraba en diálogo con artistas plásticos o diseñadores de moda, como se podía ver en esta exposición. En "Esto no es una silla" se reflexionaba sobre los límites del diseño en relación con otras disciplinas limítrofes. Una exposición que no hubiera podido tener lugar en la década anterior. Al menos, no en la Comunidad Valenciana. Sin embargo, se pueden encontrar paralelismos con las primeras manifestaciones del grupo italiano Alchimia, sobre todo en su propuesta "Redesigning the Modern Movement". En 1978, intervinieron sobre las sillas-fetiche del Movimiento Moderno, como la "Wassily" de Marcel Breuer o la "Zig-zag" de Gerrit Rietveld. Los diseñadores italianos, cargaban de frente con las ideas sobre "buen gusto" asociadas a la Modernidad y despejaban el camino a la ironía, la decoración y el color que llevaba consigo el diseño postmoderno. En cambio, los diseñadores valencianos, a diferencia de sus colegas italianos, ni siquiera tenían el diseño moderno como discurso dominante contra el que manifestarse. En su caso, el enemigo era el mobiliario "de estilo".

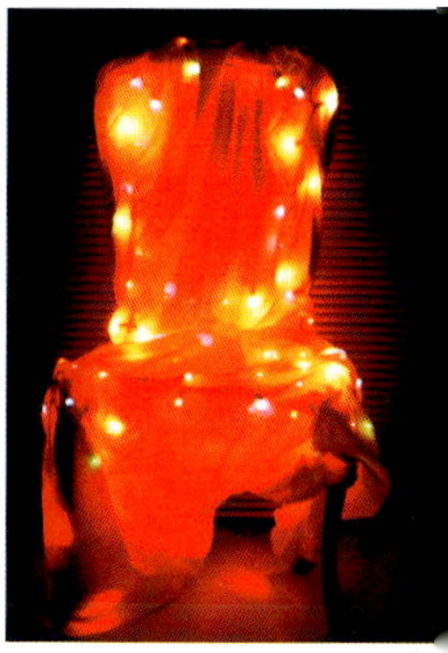
Damisela Luminosa

Cada diseñador hizo su propia interpretación de la silla, unos de una manera más destructiva y otros lograron encontrar ciertas posibilidades plásticas. Los objetos expuestos podían tener la denominación de sillas pero no servían para sentarse, ni se iban a comercializar y la actividad que los participantes desarrollaron era un ejercicio más ligado al trabajo de los artistas plásticos que al del diseñador. Por contra, el material de base era un producto de uso cotidiano, una silla. Los objetos resultantes recogieron esta mezcla de orientaciones y se presentaron como ejercicios a medio camino entre la obra de arte y la silla, sin ser ni una ni otra.

La intervención de Eduardo Albors "Damisela luminosa", presentó la silla casi completamente cubierta por una tela blanca. Bajo la tela asomaba una de las patas delanteras a modo de pierna seductora. Como no podía ser de otra manera, Albors incorporó la luz como elemento plástico dentro de su propuesta. La no-silla cobraba sentido a oscuras, entonces los leds, que se distribuían bajo la tela, se encendían y ella misma actuaba como fuente de luz.

El fin de la Nave

Una de las primeras intenciones al formar La Nave fue el abordar proyectos experimentales. Proyectos de corta tirada o piezas únicas que materializaran ideas sobre el diseño y sirvieran de válvula de escape para los diseñadores, condicionados continuamente por las exigencias de los empresarios. Objetos orientados a la reflexión, que reservaban los requisitos funcionales en un segundo plano. Durante los '80, muchos estudios exploraron esta posibilidad (ej. Transatlàntic, Ron Arad) y sus resultados fueron rápidamente publicados en las revistas especializadas. Para ello, se reservó la entrada del estudio de La Nave, un espacio de unos $100m^2$. A pesar de esto, las primeras intenciones experimentales de La Nave tuvieron que atenuarse debido a las necesidades pragmáticas del día a día. Si algunos miembros estaban dispuestos y disponían de tiempo, en cambio otros necesitaban enfocar todas sus energías a conseguir nuevos clientes y terminar los proyectos. Este espacio "para las movidas" se utilizó en contadas ocasiones para la presentación de trabajos convencionales.

Para Albors, esa falta de inquietud experimental fue minando su interés en la experiencia colectiva. A esto, se sumaron sus continuos desplazamientos entre Sao Paulo, Valencia y Altea, que lo convertían en uno de los miembros que menos aparecía por el estudio. Él compartía los gastos, pero realmente su utilización de La Nave era mínima. Mantener el estudio dejó de ser rentable. Estos gastos suponían un costo añadido que no era equitativo con el provecho que sacaba.

La Nave logró interesar a revistas de todo el mundo y multiplicó su proyección internacional durante los años 1988 y 1989. Paradójicamente fue justo en ese periodo cuando se dieron las primeras bajas. Eduardo Albors se fue primero. Poco después lo hizo Lorenzo Company y en 1990 Carlos Bento, Luis Lavernia y Nacho Lavernia. En 1991 la formación se disolvió definitivamente en su punto de mayor éxito internacional.

Mesas Ronda
Babel ediciones

Mesa de centro "Triplano" (1992) producida por Celda

Esta mesa se compone de un sobre de vidrio que descansa en tres patas de tubo de acero. Bajo el sobre de vidrio se encuentran tres bandejas auxiliares de madera que pueden desplegarse con el fin de duplicar la superficie de la mesa. Estas tres bandejas tienen sendas ruedas que les permiten girar con facilidad y que, a la vez, desempeñan la función de patas auxiliares las cuales duplican el apoyo de la mesa cuando está desplegada. Así el conjunto sigue manteniendo su estabilidad en las dos posiciones.

Las mesas centro se encuentran en zonas de paso de la casa. Por tanto, si son muy grandes utilizan demasiado espacio y si son demasiado pequeñas no ofrecen suficiente capacidad cuando están desplegadas. La "Triplano" permite facilita la circulación al estar plegada pero, a la vez, ofrece la posibilidad de aumentar su capacidad, cuando se necesita.

TRUMBO: La Iluminación Técnica

Albors nunca perdió el contacto con su antiguo cliente Lámsar que en 1988 volvió a distribuir producción propia, tras abandonar la distribución de iGuzzini. Así, se creó la empresa Trumbo, dedicada a los sistemas técnicos de iluminación. El primer encargo para Albors fue el foco técnico "Quasar". El proyecto consistía en un foco que permitiera utilizar distintas lámparas, por medio de piezas intercambiables. Un recurso muy útil en escenografía, escaparatismo o salas de arte. El objetivo era dar con la luz adecuada en cada caso, sin necesidad de cambiar la instalación. En un foco habitual, lo máximo que se puede cambiar es la lámpara y, en todo caso, solamente si el tipo de rosca -o de conexión- es la misma. Con "Quasar", se podía acoplar cualquier tipo de calidad de luz a la instalación, con sólo acoplar la pieza adecuada. Se trataba de cubrir todos los campos dentro de la iluminación técnica para instalaciones. El proyector constaba de una parte central fija a la que se podían acoplar, en la parte delantera, hasta 16 tipos diferentes de lámparas: desde las pequeñas halógenas pasando por incandescentes, fluorescentes compactas hasta las más grandes como halogenuros metálicos o vapor de sodio. El mayor inconveniente era que algunas de estas fuentes de luz pueden recibir la corriente eléctrica directamente (ej. incandescentes) y otras necesita un transformador que convierta el voltaje (ej. halógenas). Para ello, la parte trasera también era intercambiable, o bien se adaptaba un puente que transmitía la corriente eléctrica directamente o bien se adaptaba un transformador. Este complejo proyecto acaparó casi nueve meses de trabajo y supuso el primer contacto del diseñador con la iluminación técnica. Un encargo muy exigente en el que puso en práctica toda su experiencia anterior. Tras este encargo, trabajó en otra línea de iluminación para exterior: balizas, plafones para exterior, farolas…

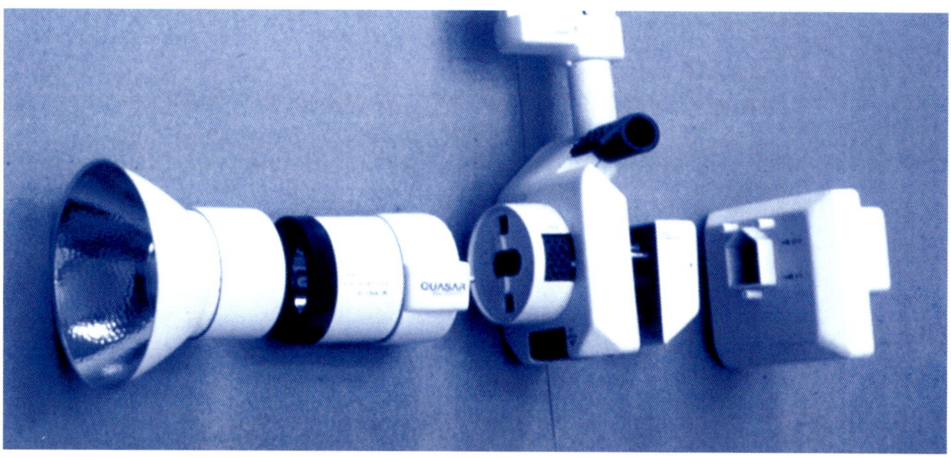

Programa Quasar

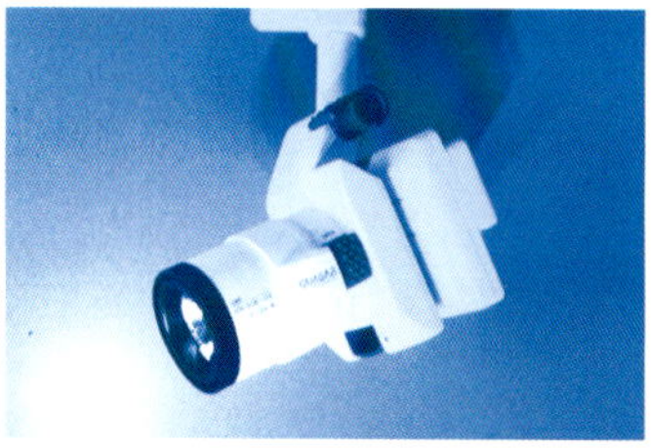

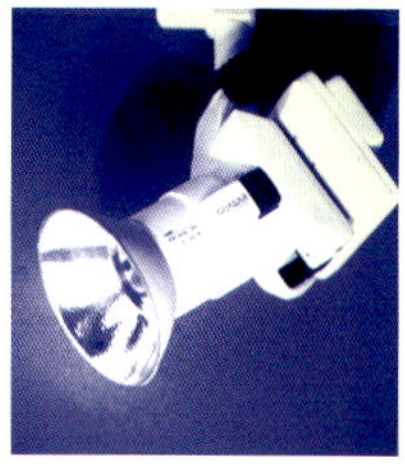

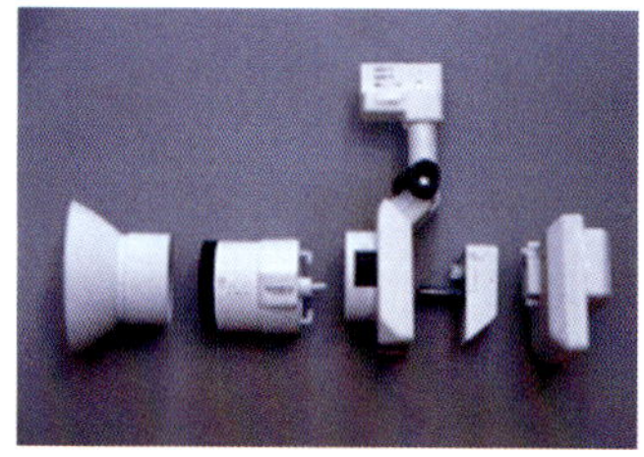

1

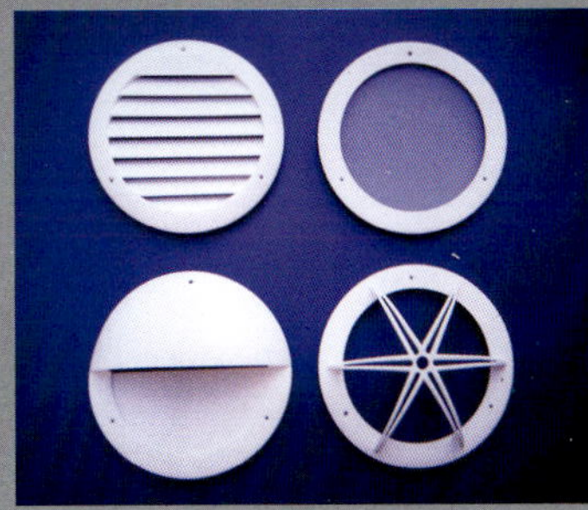

2

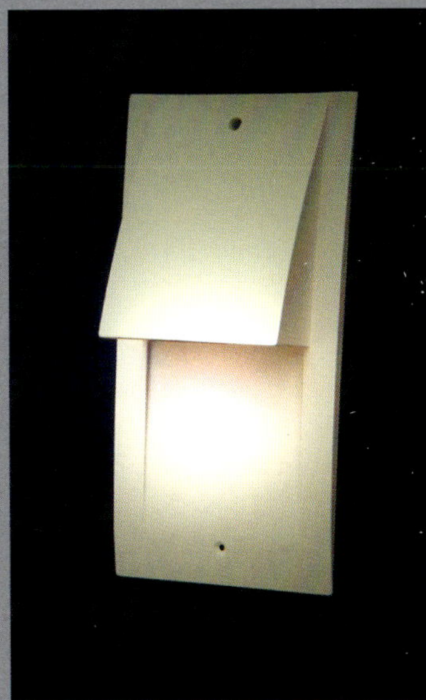

3

4

1- Sistema de acople para postes y pantallas de farolas
2- Programa de plafones de exterior
3- Aplique de exterior
4- Baliza

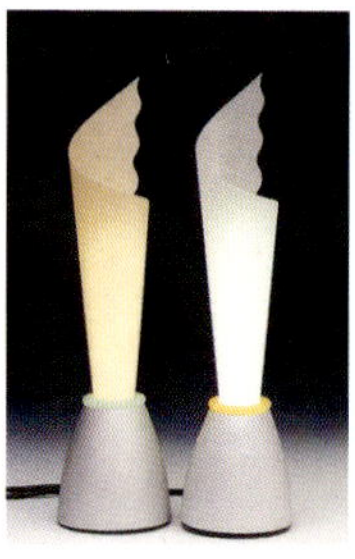

Rediseño / 1991

Luminaria de sobremesa "Antorcha" (1988) producida por Zass

En plena fiebre pre-olímpica, Albors diseñó la lámpara de sobremesa "Antorcha", que consta de una pantalla y una base de vidrio. La pantalla es un pergamino enrollado con un perfil ondulado que recuerda la forma de las llamas. Esta pieza se inserta en una pieza de vidrio cónica que, en realidad, era una pantalla diseñada para una lámpara anterior. En cambio, aquí este elemento sirve de base que contiene el portalámparas y la reactancia del tubo fluorescente. En la edición del SIDI de 1988, se apreció que los diseñadores españoles incorporaban curvas a sus productos y recuperaban la madera tras unos años en que habían predominado las piezas metálicas. Durante los últimos ochenta y primeros noventa, estas características fueron forjando una seña de identidad del diseño español que se relacionó con una cierta inspiraciónmediterránea. "Antorcha", y en general la producción de Albors para Zass, encaja dentro de esta línea. En diseños como "Sor" se aprecia la utilización de la madera, combinada con metal y en "Icaro", la utilización de curvas y las referencias concretas a la tradición mediterránea.

Capítulo 3 Trabajo en solitario (1989-2005)

Tras abandonar La Nave, Albors reformó y se instaló definitivamente en su estudio del Vedat. El que fuera tercer estudio de Caps i Mans y, ya desde entonces, también su vivienda. Nunca perdió su contacto con La Nave, solía ir a ver a sus compañeros de vez en cuando.

La empresa ZASS

A finales de los ochenta surgió en Valencia una nueva empresa de iluminación interesada en el diseño contemporáneo: Zass. Lámsar había sido la pionera y, mientras otras empresas de este tipo no cesaban de surgir en Cataluña -Metalarte, Carpyen, Blauet, Tramo, Marset-, Valencia, en cambio, seguía produciendo mayoritariamente lámparas "clásicas". Zass provenía de Peris-Andreu, un gran grupo empresarial de iluminación que se acababa de disolver. Dos de sus anteriores ejecutivos comerciales plantearon a Albors hacer una empresa de diseño de iluminación partiendo de cero. Las posibilidades eran muchas, aunque la capacidad de inversión era muy escasa. Albors llevó a cabo otro "diseño global" de la empresa que incluyó la imagen gráfica, los catálogos, los productos, la arquitectura ferial, packaging y supervisión de proyectos desarrollados por otros diseñadores.

La empresa empezó a funcionar bien. Se fue situando en el mercado, consiguieron tener los proveedores adecuados y un catálogo bastante completo. Albors logró relacionar su trabajo en Valencia con su colaboración con Ronda, que todavía continuaba. Las dos empresas establecieron relaciones para intercambio de modelaje, haciendo posible que lámparas diseñadas para Zass fueran comercializadas por Ronda y viceversa.

Sor

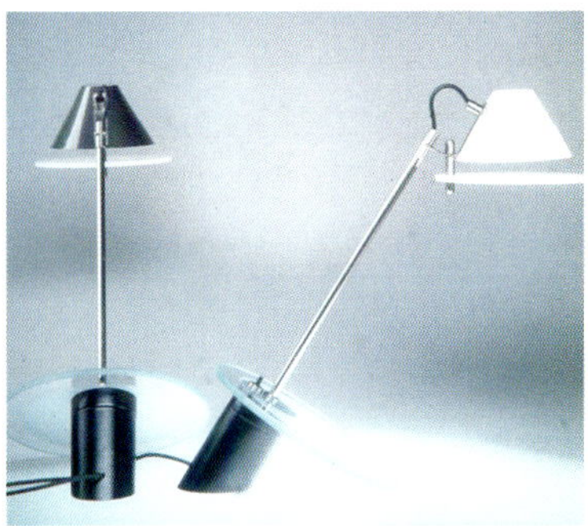

Deysi

El Pabellón de la Comunidad Valenciana en la Exposición Universal se Sevilla (1992)

Con motivo de la Exposición Universal celebrada en Sevilla en 1992, se organizó una muestra de diseño dentro del pabellón de la Comunidad Valenciana. La idea surgió del grupo Gesto Design Management que propuso a la Gerencia del Pabellón la creación ex novo de todo el mobiliario y complementos. El doble objetivo fue, por un lado, crear un recinto más novedoso en su conjunto y, por otro, proyectar la realidad creativa e industrial valenciana. La exposición se tituló "DOM", las siglas de "diseño de objetos y mobiliario" y que además quiere decir "casa" en valenciano antiguo. Se procedió a seleccionar a los diseñadores, y asignarles un producto que posteriormente sería producido por empresas de la Comunidad. La única condición impuesta a los diseñadores fue que tuvieran en cuenta la línea de la empresa que produciría el diseño, con el fin de que cada pieza se pudiera integrar en el catálogo correspondiente. De esta manera, se crearon piezas adecuadas al evento a la vez que se estimulaba a las empresas a colaborar con diseñadores externos a su equipo.

Se produjeron 26 objetos que fueron producidos por otras tantas empresas y diseñados por 31 creativos que lo hicieron como individuales, parejas o equipos. Albors presentó el modelo "Ícaro", que fue producido por Zass. El nombre hacía referencia al mito mediterráneo de Ícaro, quien podía volar gracias a unas alas que llevaba prendidas a la espalda con cera. Su curiosidad le llevó a volar tan cerca del Sol que la cera se derritió, sus alas se desprendieron y cayó al mar. El perfil de la lámpara tenía forma de ala que aunaba las referencias simbólicas con las funcionales. Por un lado, hacía referencia a las alas del personaje mitológico y, por otro, ofrecía una forma perfecta para alojar a la bombilla -que quedaba oculta a la vista- y al reflector de la luz. Este reflector podía girar, bien hacia el techo, el suelo o la pared. Los pies de la luminaria estaban conificados en los 50 cm. superiores, precisamente la altura de la lámpara de sobremesa. Para el pie de salón se prolongó esta altura con tubos no conificados, lo cual permitía aprovechar los mismos tubos del modelo pequeño en el modelo grande sin tener que invertir en nuevas piezas.

Un texto del catálogo de la exposición "Diseño Industrial en España" hacía referencia a las actividades llevadas a cabo con motivo de la Expo. El teórico del diseño Antonio Pérez Escolano hacía referencia al pabellón de la Comunidad Valenciana y destacaba, entre otros, los muebles de José Vicente Paredes, la iluminación de Eduardo Albors y la cristalería de Luis González (MNCARS 1998: 129).

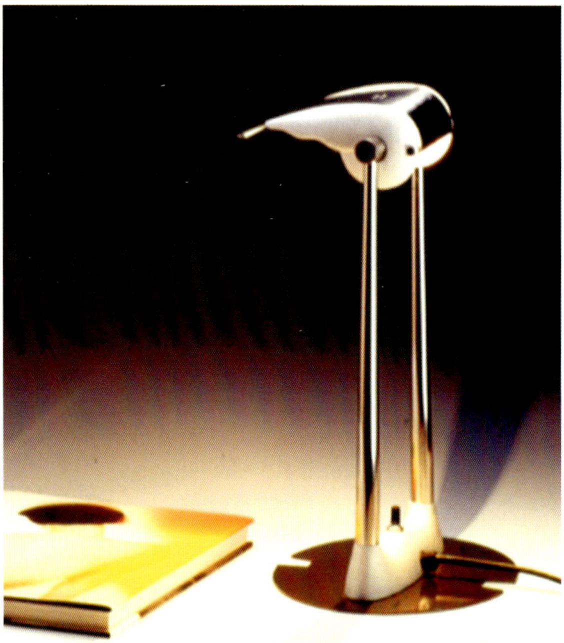

Icaro 1992 Producción ZASS

Las Lámparas - Mesa

En los modelos "Trip" y "Balboa", producidos por Zass, encontramos una nueva tipología de lámparas. Se trataba de una evolución del pie de lectura hacia un objeto híbrido entre lámpara y mesa auxiliar. Precisamente, el reto de estas lámparas-mesa es conformar un objeto unitario, a partir de este objeto dual. En el modelo "Trip" (1990) la lámpara, con pantalla de pergamino, se insertaba en el medio de una mesa baja de tres patas. Para integrar los dos objetos se recurrió a un ingenioso recurso formal. En este caso, la inclinación de las patas coincidía con la inclinación de la pantalla troncocónica de pergamino. Por su parte, en el modelo "Balboa" (1990) la fluidez entre los dos elementos se conseguía por la continuidad entre la única pata de la mesa y el soporte vertical de la luminaria. Este modelo tiene otra particularidad, la lámpara halógena utilizada desprendía mucho calor, por lo que una pantalla de pergamino no hubiera resistido el calor y se hubiera quemado. Para ello, la estrecha pantalla -necesaria para tamizar la luz de la lámpara- se configuró en teflón, un material de alta resistencia al calor.

Trip de ZASS

Balboa de ZASS

Almerich

Chueca, una empresa de mobiliario, pidió a Albors una mesa-lámpara. A diferencia de los dos casos anteriores, aquí la mesa era susceptible de venderse sin lámpara. Así apareció "Trina", una mesa de tres patas con una pequeña luminaria en el sobre, que formó parte de una colección más extensa de mueble auxiliar llamada "Forum". La colección fue presentada en la Feria del Mueble de Valencia en 1992, a pesar de haberse iniciado ya dos años antes. En esta colección también se encontraban muebles de Jorge Pensi, José Juan Belda o Juan Montesa, Ximo Roca....En "Trina", la forma de la mesa está más trabajada que en "Trip" o "Balboa". Las tres patas están torneadas conformando un cono que disminuye hacia el extremo inferior para luego aumentar en la base. Sobre las tres patas, se apoya el sobre de la mesa, cuyo contorno se remata en la parte delantera con una línea curva. Así, las esquinas se "redondean" y se vuelven, por tanto, menos hirientes. La línea curva se repite en el frontal del cajón. Este recurso formal armoniza las líneas del sobre y del cajón y, además, tiene su justificación funcional: la curva genera un saliente que hace las funciones de tirador. Por su parte, la lámpara se sitúa como continuación vertical de la pata trasera, como en el caso de "Balboa". La coherencia formal del conjunto se consigue mediante la pantalla cónica de pergamino, que repite el estrecho perfil de las patas. Para lograr esta correspondencia, hacía falta una pantalla igualmente estrecha, y por tanto una lámpara muy pequeña. Una lámpara halógena hubiera dado el tamaño adecuado, pero hubiera desprendido demasiado calor para combinarla con una pantalla de pergamino. Si en el caso de "Balboa" se sustituyó el material de la pantalla por teflón, aquí se mantuvo el pergamino pero sustituyó la lámpara por otra de baja emisión calórica, una lámpara fluorescente compacta de 11W.

Otro problema a solucionar derivaba también de la estrechez de la pantalla, que ocasionaba que la soldadura del pergamino resultara demasiado evidente. Este inconveniente se aprovechó como un estímulo para buscar una solución ingeniosa. Si, de cualquier forma, la soldadura se tenía que ver, mejor hacerla vistosa. Para ello, en vez de hacer una línea de pegado rectilínea, el contorno de la pantalla se terminó con un perfil ondulado, el cual da un interesante contorno lumínico que solamente se aprecia cuando la lámpara estaba encendida. El brazo de la pantalla era abatible y las patas desmontables lo que permitía que el conjunto fuese en un embalaje muy plano.

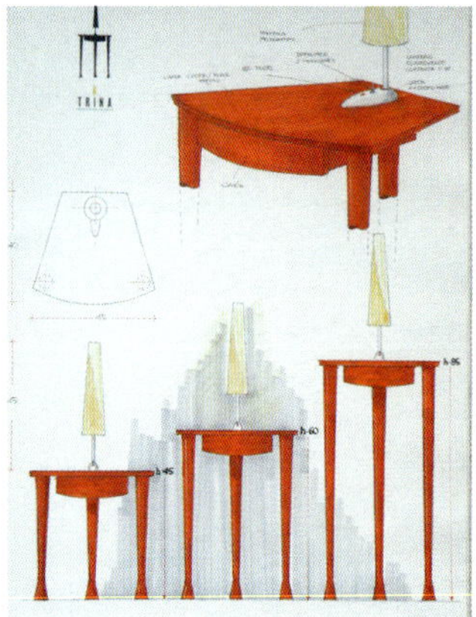

Trina / 1992 / Producción Chueca

Años más tarde, en 1996, llegó otra versión de esta tipología. La lámpara "Nomo", diseñada para la empresa Rogu. Esta vez se trataba de hacer una lámpara-mesa lo más barata posible, aprovechando el potencial productivo de la empresa. Para ello, se pensó que fuera totalmente desmontable con el fin de evitar la mano de obra del proceso de montaje. La novedad que aportó "Nomo" fue que la fuente de luz era regulable en altura. Finalmente, pudo salir a la venta por un precio de 72 EUR. Por las mismas fechas, salió otra aplicación de este concepto, producido esta vez por la empresa Almerich. Esta vez, tomó la forma de un carrito de tres pisos con ruedas, pensado como mesa auxiliar de un sofá. La lámpara se situaba en el sobre superior.

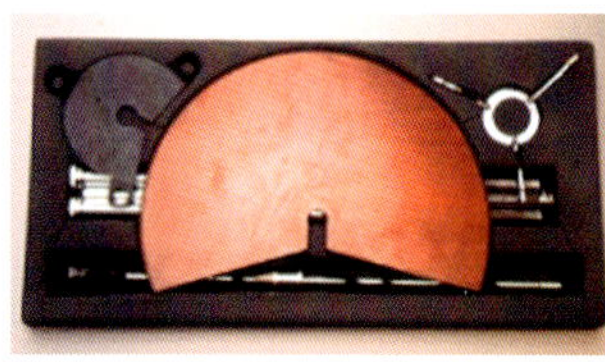

Nomo de DeO

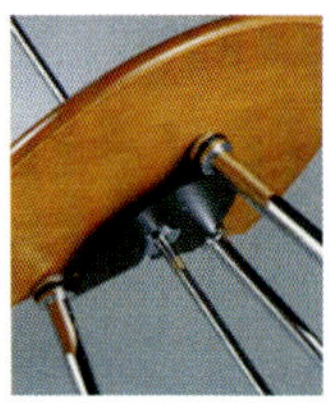

Tumbona "Apsaras" (1991) producida por Jóquer

Las tumbonas son objetos difíciles de diseñar. Son muebles de reposo, pero suelen tener medidas e inclinaciones fijas que, por tanto, no se adaptan a personas de diferente talla. En este caso, el respaldo de la tumbona se puede regular llegando incluso a la posición de sillón. De esta manera se consigue una mayor adaptabilidad a posibles usuarios y también mayor versatilidad de posibles usos.

Los muebles regulables en inclinación o en altura se suelen utilizar o bien en actividades al aire libre o bien en ambientes de trabajo. Conseguir que un mueble plegable, regulable, inclinable,... se integre en el ámbito doméstico no es tan fácil. Han habido muy buenos intentos que ofrecían ventajas obvias pero que paradójicamente no han sido entendidas.

Por ejemplo, la silla de salón plegable "Sister Moon" que Bañó+Asociados diseñaron en 1989 para Punt Mobles. Una silla que se podía plegar y almacenar en poco espacio. En estos casos, prevalecen las asociaciones de estos diseños con los muebles de "camping" o de oficinas sobre las ventajas

El reconocimiento de la profesión. "20 dissenyadors valencians" (1994)

En 1994, el Instituto Valenciano de Arte Moderno (IVAM) programó una exposición sobre diseñadores valencianos. La exposición "20 dissenyadors valencians" fue la primera dedicada al diseño local y se celebró en el Centro del Carmen del IVAM. La exposición se presentó a la antigua directora, Carmen Alborch, que lo aceptó y lo insertó en la programación del centro. El siguiente director, J. F. Yvars, respetó la programación y así el 24 de febrero de 1994 se inauguraba una exposición peculiar dentro de su programación habitual.

El centro, ubicado en un antiguo convento, tiene su sala de exposiciones en el antiguo refectorio y otras salas adyacentes. Se configuró un gran espacio compartimentado, el idóneo para acoger una exposición de autores. En el centro, se mostraba un recorrido por la historia del diseño en Valencia y en los laterales cada diseñador tenía su propio habitáculo donde presentaba una selección de su obra. Cada diseñador actuaba como un pequeño comisario de su muestra, diseñando su propio espacio en base a un presupuesto determinado y a una superficie limitada. Los soportes que se utilizaron para presentar las obras iban desde prototipos a productos acabados, muebles sin terminar, proyectos no producidos, dibujos, maquetas y fotografías de objetos. Eduardo Albors aportó una visión de su extensa trayectoria, remontándose a sus comienzos en el diseño de luminarias y mostrando algunas piezas de mobiliario.

Esta exposición fue el producto de una reivindicación de los diseñadores, que se reconociera el papel cultural del diseño. Tras esta muestra, el IVAM incluyó con mayor frecuencia exposiciones sobre diseño industrial y gráfico. Así, se programaron muestras como la dedicada a "Ricard Giralt-Miracle" (1996), "Metz & Co. los años creativos" (1996), "Mauricio Amster tipógrafo" (1997) o "Diseño gráfico en la era mecánica: La colección Merrill C. Berman" (1999). Esta actitud pionera fue reconocida por Raquel Pelta en un texto escrito en el catálogo de la exposición "Signos del Siglo. 100 años de diseño gráfico en España", celebrada en el Museo Nacional Centro de Arte Reina Sofía (MNCARS) en el 2000: "Por eso iniciativas como la del Instituto Valenciano de Arte Moderno (IVAM) que desde hace años apoya con firmeza al diseño gráfico, tanto con las exposiciones que ha menudo organiza como con la gestión de los fondos en una brillante política de adquisiciones, son especialmente valiosas y reseñables por lo que de sensibilidad para con el diseño demuestran" (MNCARS 2000).

Pictograma de la exposición
Diseño / Luis Gonzalez

1995. Cambio de la mentalidad empresarial

Durante la década de los '90, y más concretamente en su segunda mitad, el sector de la iluminación experimentó un notable cambio. Las grandes empresas locales de iluminación ampliaron su gama de producto "clásico" para ofrecer productos de diseño contemporáneo. A medida que el mercado de las lámparas "de estilo" se iba agotando, los empresarios ampliaban la gama de sus catálogos hacía la producción contemporánea. Incluso, aparecieron nuevas empresas dedicadas exclusivamente a este sector.

Paralelamente, se amplió la oferta de los planes de estudio para los futuros diseñadores industriales e incluso el Ministerio de Educación creó el título universitario de Ingeniero Técnico en Diseño Industrial. Eduardo Albors participó como docente en los nuevos centros universitarios, en la Fundación Universitaria San Pablo-CEU (actualmente Universidad Cardenal Herrera-CEU) desde 1990 y en la Universidad Politécnica de Valencia desde 1995 hasta el 2000.

Este contacto directo con los estudiantes supuso un nuevo flujo de profesionales hacia el diseño de iluminación, un sector que crecía en posibilidades. De hecho, Albors formó los equipos de diseñadores de muchas empresas de iluminación, hacia los cuales supo canalizar a los nuevos diseñadores. A principios de la década, ya trabajó con Javier Gimeno Ariño -un antiguo colaborador de La Nave-,en varias realizaciones para Zass, Chueca, y posteriormente en Antares. Antiguos alumnos y en algunos casos tras periodos de prácticas profesionales con Albors, estaban listos para seguir como asistentes en su estudio, o entrar en otras empresas. Este fue el caso de Somerset Harris, quien empezó colaborando en su estudio y trabajó para Chust. Javier Gimeno Ariño en Antares, Josep Martínez Font ha montado posteriormente la productora Ona –para la que Albors diseñó la lámpara "Air" (1999). Juanjo Conca diseñó para Celda Iluminación donde también lo hizo Miguel Herranz aparte de para B-Lux y Luzifer. Alberto Martínez y Pepe García (miembros de Cul de Sac) también han diseñado para Zul. La lista continúa con Juanico, Roberto Celada, Pilar López, Víctor Pinto, Juan Vicente Pallardó,...

Lampara AIR 1999 Producida por ONA

Ejemplo de este cambio de mercado y de mentalidad empresarial es el caso de Almerich, una empresa fundada en 1943, originalmente dedicada a la iluminación y a partir de mediados de los años '70 también al mueble auxiliar. A partir de 1988, incluyó la colección "Mueble Contemporáneo de Diseño" y durante la década siguiente renovó también su catálogo de iluminación. Albors trabajó con ellos durante tres años (1993-1996) en los cuales diseñó cuatro líneas de iluminación para Almerich Design y varios productos para su segunda marca Albor Design.

Vulcano

Calipso

Sorolla

.Luminaria de suspensión "Duplex" (1996) producida por Almerich
Para iluminar espacios de dos alturas o huecos de escaleras existe poca oferta en el mercado. A la hora de abordar esta tipología, Albors se basó en un esquema modular compuesto por un elemento clásico en iluminación como es la pantalla troncocónica. Por combinación de varias de ellas se consiguió una mayor que cubria los requisitos de altura. Además, la adición o eliminación de pantallas ofrecía posibilidades de menor altura que completaban la "familia" fácilmente. Las pantallas juegan con la transparencia del pergamino, el cual tiene un extremo ondulado irregular que, al enrollarse, produce dibujos en la propia pantalla. Recurso que ya utilizara en la mesa-lámpara "Trina" (1990). La fuente de luz la producen 3 tubos incandescentes tipo "linestra" de 1 m. de longitud e incorpora un regulador de luz en la parte inferior. El modelo más alto mide 1,32 m. de altura.

Paralelamente al cambio de actitud que se estaba produciendo en empresas largamente establecidas, fueron apareciendo nuevos productores. La crisis de 1992-93 se iba quedando atrás y nuevas empresas surgieron, adaptando su producto al mercado que ya existía en ese momento. Este es el caso de Antares, una empresa de iluminación técnica fundada en 1990, con sede en Ribarroja (Valencia). Albors trabajó con ellos de 1996 a 1998. A partir del primer diseño, el foco "Fly", Albors desarrolló varios proyectos. Para ello contrató como colaborador a Javier Gimeno Ariño- antiguo colaborador de La Nave- con quien ya había participado en algunos proyectos para H.Rogu. Juntos desarrollaron proyectos como el "donwlight" "Concept", el foco "1800" , así como el sistema estructural "Tarso" en el que emplearon casi un año en su desarrollo.

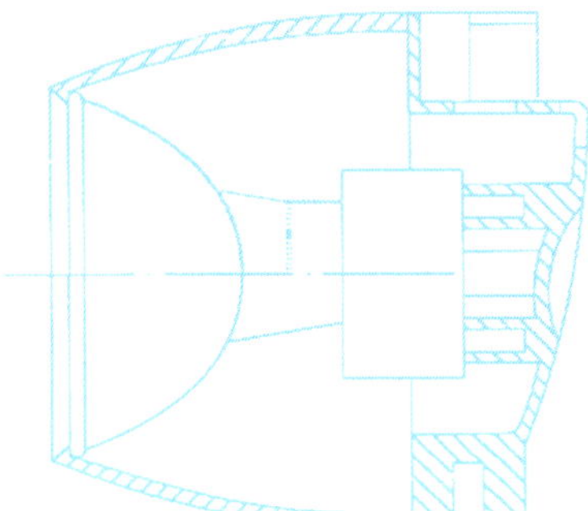

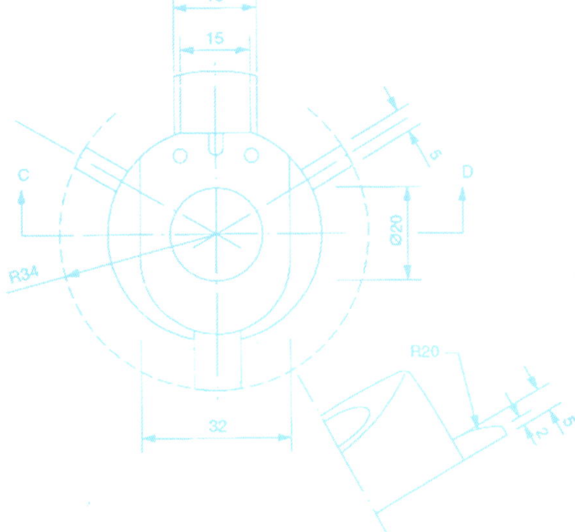

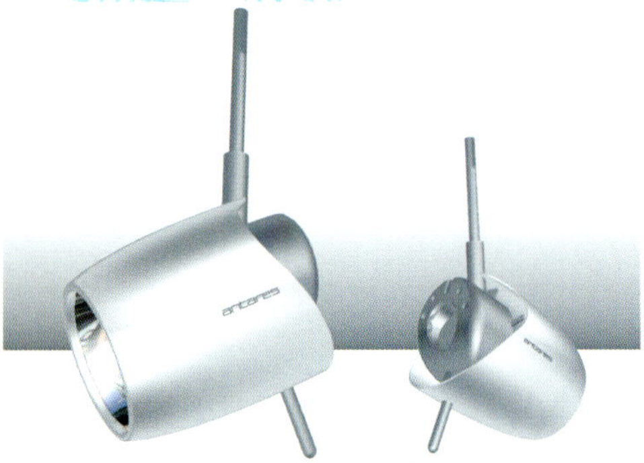

Fly

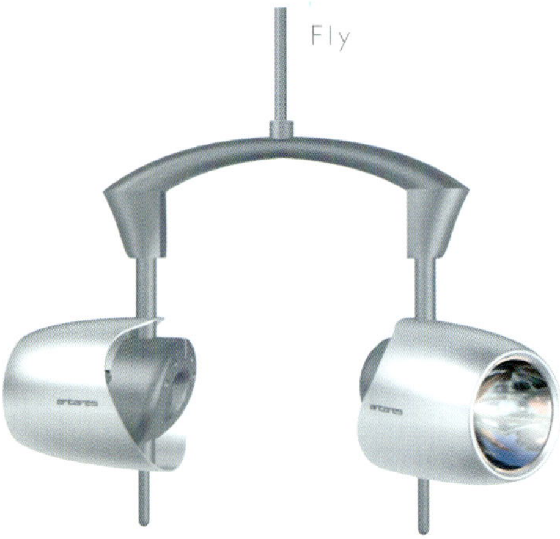

Presentación de Prototipos

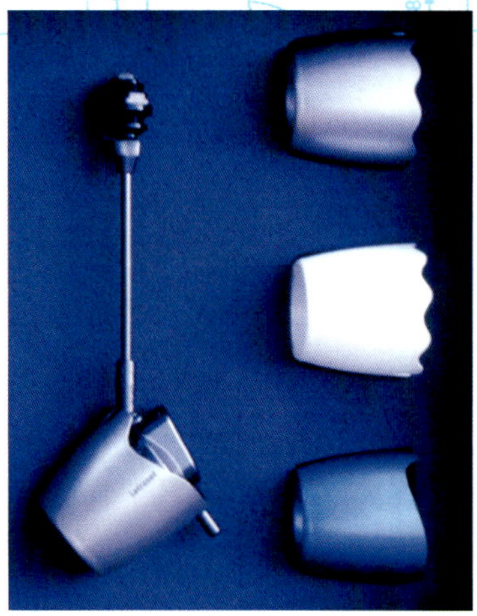

Foco "Fly" (1996) producido por Antares

El primer encargo de Antares fue un proyector para lámpara halógena dicroica. Esta lámpara es muy reconocible por su reflector poligonal. Es muy utilizada en focos empotrados y ofrece una luz muy potente. A su vez proyecta gran cantidad de calor hacia la parte posterior, por lo que tiene que contar con una buena ventilación. Tanto en focos como en ojos de buey ya se habían diseñado multitud de variantes en los últimos años.

La solución de Albors fue ocultar la lámpara mediante un capuchón abierto en la parte posterior con el fin de garantizar una ventilación óptima. Esta cubierta se desmontaba fácilmente para poder cambiar la lámpara, pero a la vez, le diferenciaba de otros productos similares. Según Albors la forma le surgió al unir un dosificador de spray y un vaso de plástico. El dosificador inspiró la pieza de unión entre la lámpara y el tubo que la une al techo. Por su parte, el vaso, de perfil curvo, definió la forma abombada del capuchón.

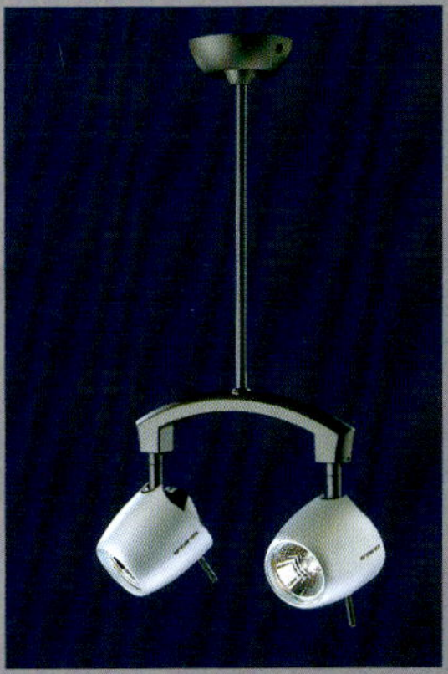

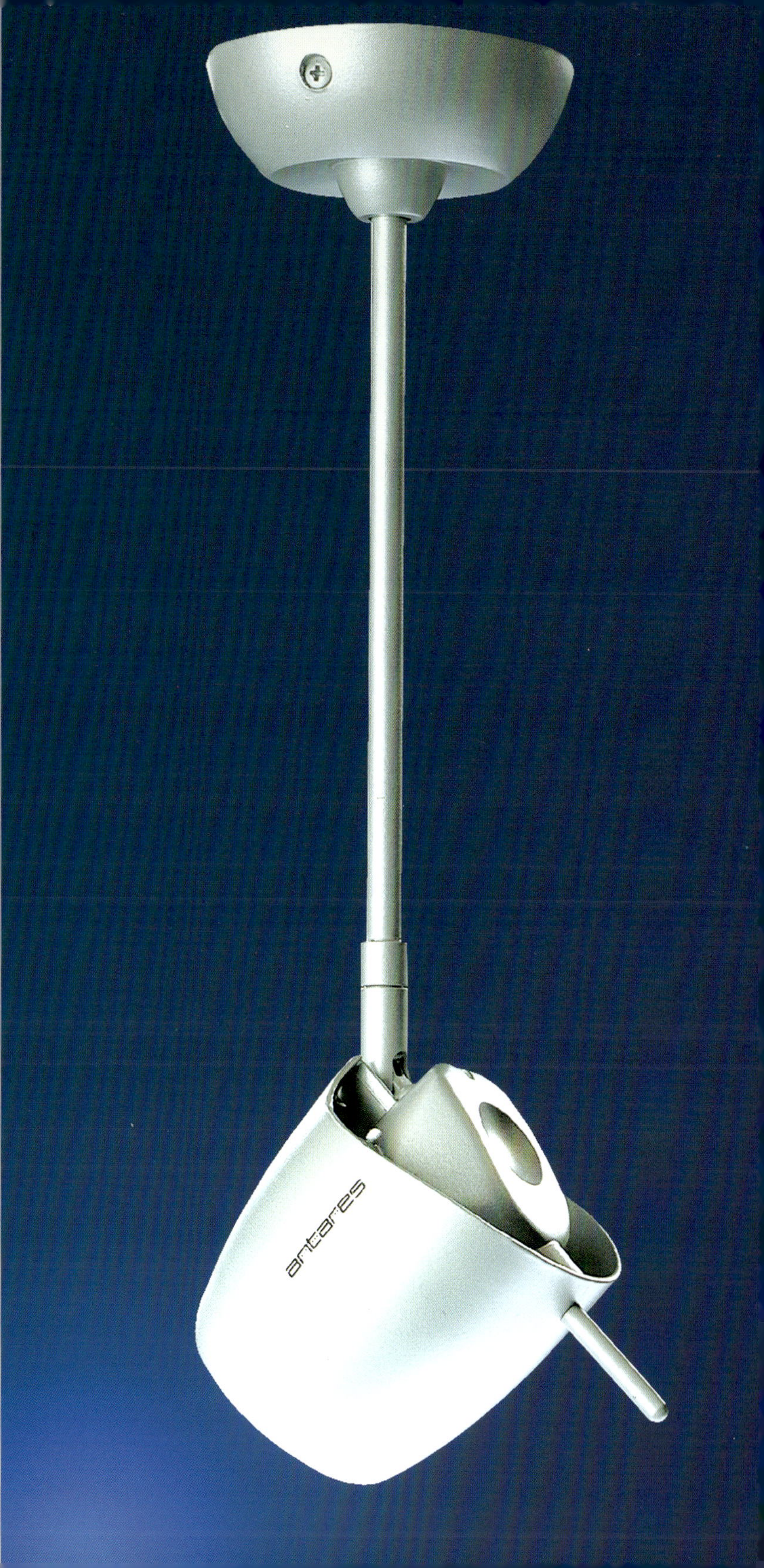

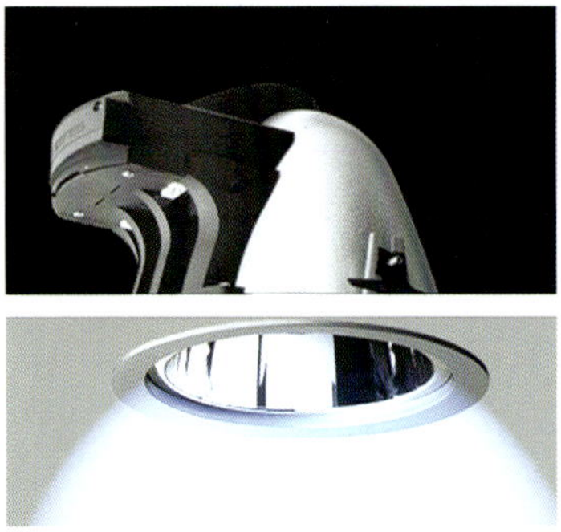

1800

Concept

Después de varios encargos, Antares propuso hacer nuevos proyectos. Albors presentó la idea de hacer un sistema estructural, partiendo de un módulo de 130 cm. de longitud componible, al cual se pudieran acoplar todas las fuentes de luz existentes en el mercado. Ya existían antecedentes de este tipo producidos por las empresas Targetti (que se había quedado anticuado) y Erco (que era muy caro y tenía muchas limitaciones). Después de varios informes sobre el proyecto, Antares dio la aprobación del presupuesto para comenzar con el diseño.

A partir de las primeras ideas, se llevó a cabo un anteproyecto, que incluyó todo el desarrollo del sistema y un prototipo a escala real con algunos accesorios. Después de casi cinco meses de trabajo, dieron comienzo las primeras pruebas sobre los prototipos, Posteriormente, se realizaron los bocetos industriales y el prototipo definitivo. Juanjo Conca y Vicente Marzal colaboraron con las ilustraciones por ordenador en 3D.

La presentación gustó a los productores que dieron el visto bueno para iniciar la segunda fase. En ella se hicieron los planos en CAD, se estrusionaron los perfiles de aluminio, se hicieron piezas de las horquillas de aluminio, así como maquetas de las 20 piezas de inyección plástica, con el fin de presentar en feria un prototipo casi real que simulaba una pequeña instalación.

La primera muestra en feria cosechó gran aceptación por parte de los distribuidores. Sin embargo, a partir de este momento, los responsables de Antares cambiaron de idea. El inconveniente radicaba en el proceso de comercialización. Por un lado, se tenía que crear una oficina técnica para dar soporte a los vendedores -ya que incluía muchas referencias y su destino principal eran los grandes proyectos-, aspecto que complicaba el servicio de los pedidos. Por otro lado, suponía una dificultad adicional para los comerciales, -ya que no es lo mismo hacer un pedido de una sola referencia que la previsible diversificación de un sistema de este tipo.

El entusiasmo inicial se fue enfriando y Antares dio prioridad a otros proyectos menos complejos –como el "Concept" y el foco "1800", que eran más fáciles de desarrollar y ofrecían, a corto plazo, una rentabilidad mayor. Esto supuso el fin de un proyecto que contó con la aceptación inicial de los productores y distribuidores, pero que posteriormente no cuajó con la infraestructura comercial de la empresa.

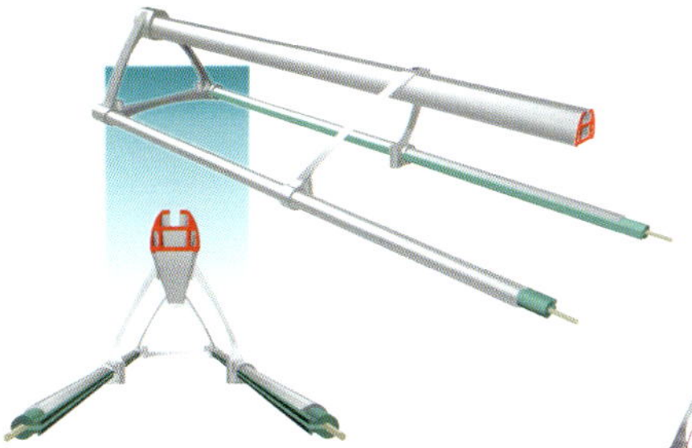

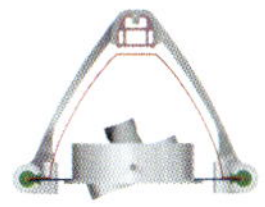

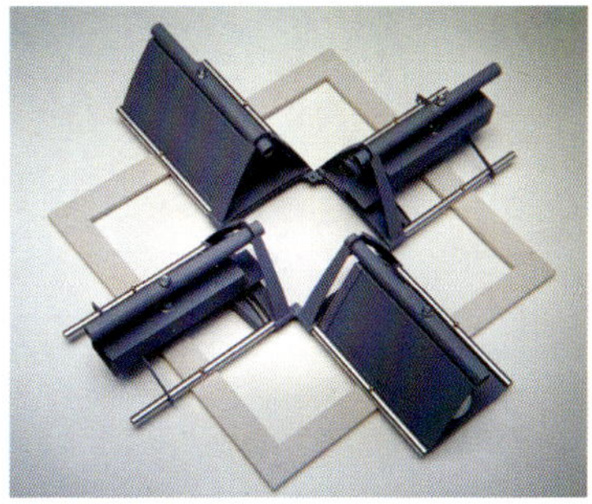

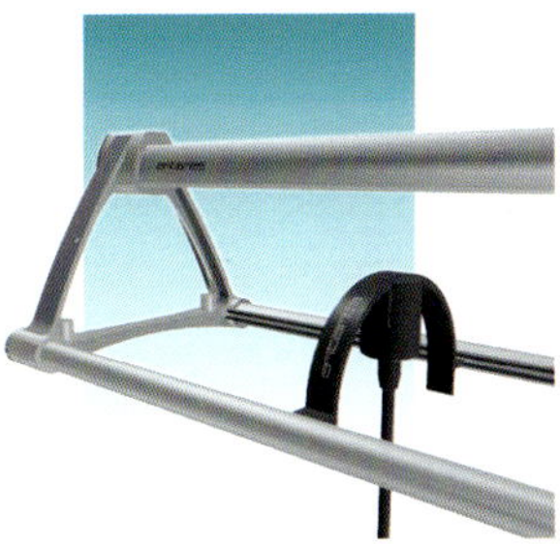

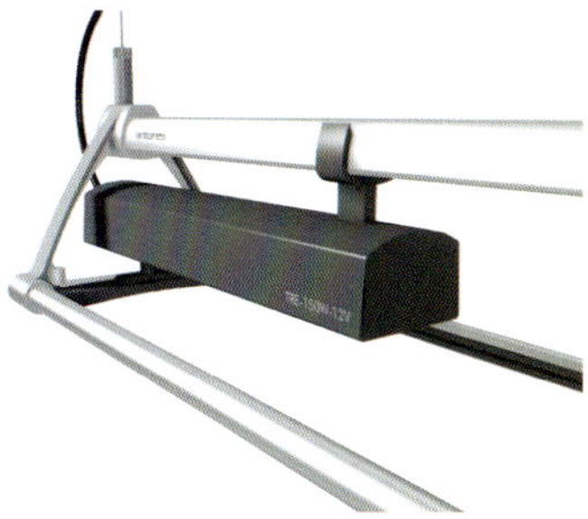

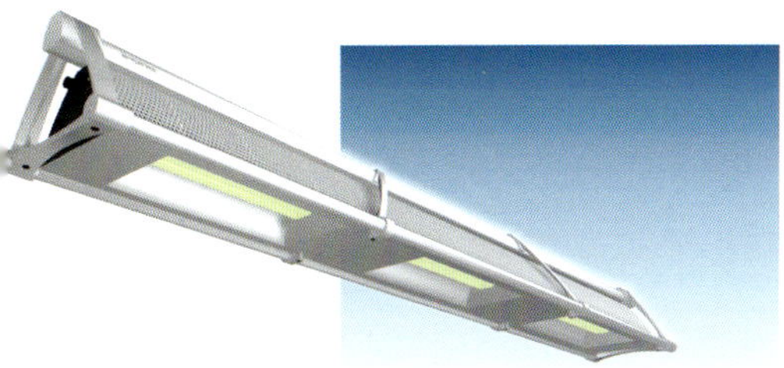

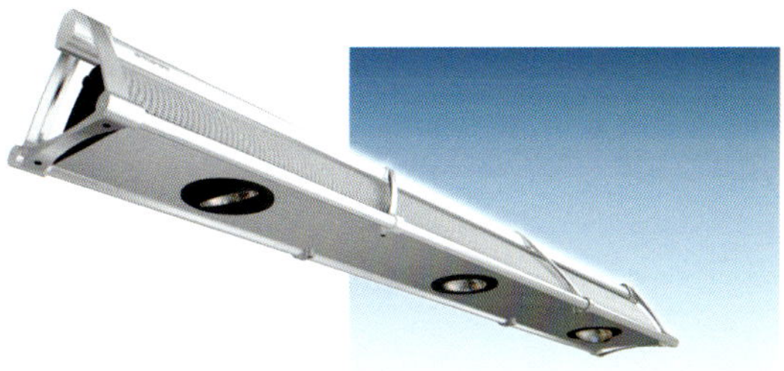

Sistema Estructural TARSO (1988)

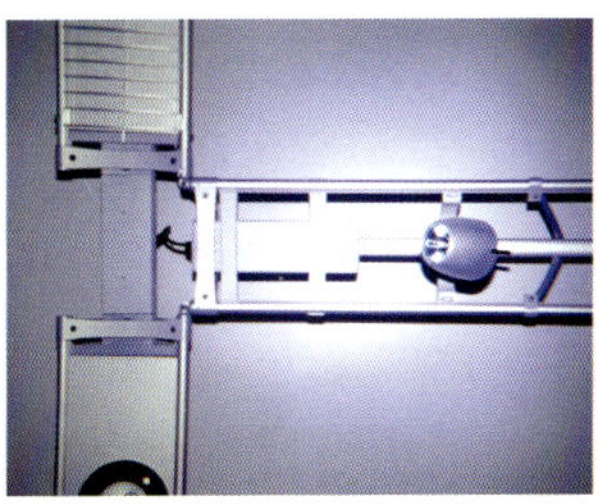

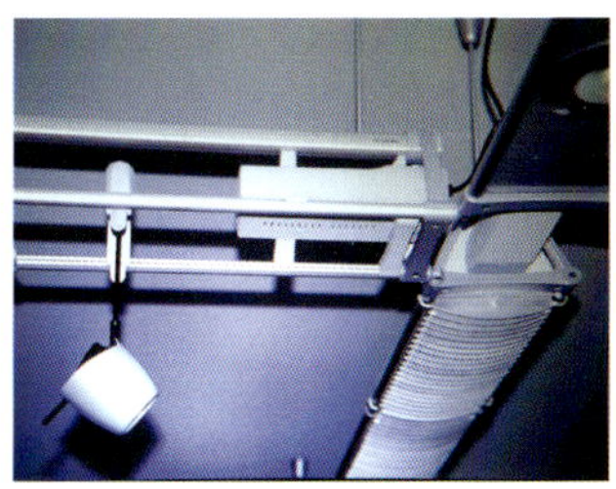

DeO Iluminación

Albors jugó un papel decisivo en la reconversión de estas empresas. Generalmente las propuestas partían del propio diseñador, quien hacía ver a los equipos directivos sus posibilidades dentro del sector de la iluminación contemporánea. Su conocimiento del mercado, de la mecánica empresarial y sus experiencias anteriores con Lámsar, Ronda o Zass, se convirtieron en factores que avalaban su servicio como asesor de producto y de imagen de la empresa Un buen ejemplo de esta interacción diseñador-empresa fue su experiencia con el Grupo Robles. Este gran grupo empresarial de iluminación fue fundado en 1982 en Valencia, durante los años '80 fue creciendo -pasando por una reestructuración profunda en 1993-, hasta convertirse en una gran industria de iluminación. H. Rogu es una marca de este grupo que produce focos de gran calidad, un tipo de producto de gran superficie. Es una empresa con un gran potencial, una infraestructura amplísima y un equipo directivo importante. Albors empezó a colaborar con ellos hacia 1995, diseñó la lámpara "Lolita" y la lámpara-mesa "Nomo", comentada anteriormente.

Tras dos años de colaboración vio posibilidades todavía sin explotar dentro de la empresa.. Comenzó a plantearles que con su potencial, con su tipo de fabricación, con los precios que conseguían,... que sería muy interesante crear una empresa exclusivamente de producto de iluminación para instalaciones. Empezaron a definir cómo podía ser este proyecto y surgió la empresa DeO, con fuertes inversio y una apuesta muy fuerte por el diseño técnico. En 1999, se presentó esta nueva marca del Grupo Robles en la que Albors se involucró totalmente. De hecho, entró a trabajar con ellos como staff con un contrato anual. Para ello, dejó de trabajar con Antares. La similitud de sus dos líneas de producción hacía imposible compaginarla con DeO. Albors exploró principalmente la iluminación técnica a través de los focos "Boeing" o "Lunic" y también con el sistema "Beda". Posteriormente DeO ha dividido su producción en dos catálogos: uno técnico y otro decorativo. En la sección decorativa Albors ha realizado proyectos como "Ado", "Diva" o "Trajano".

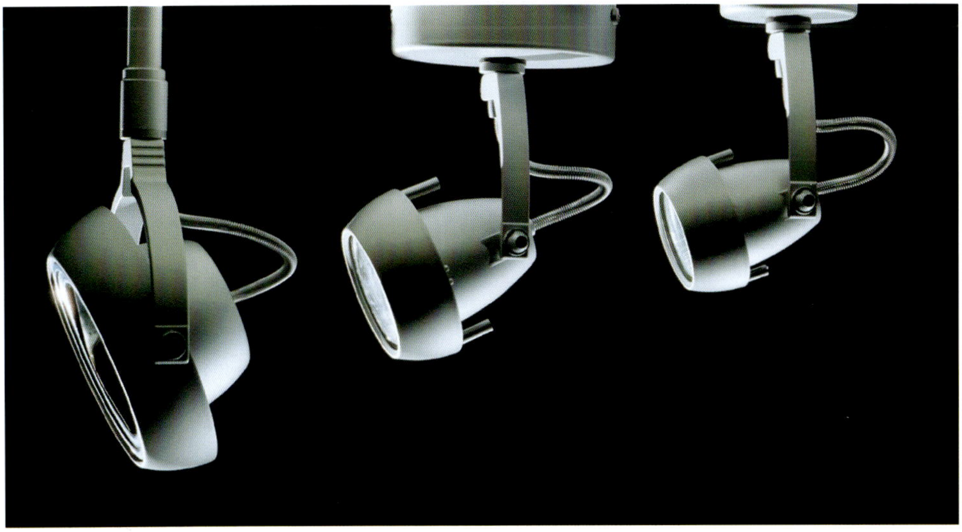

Focos Boeing

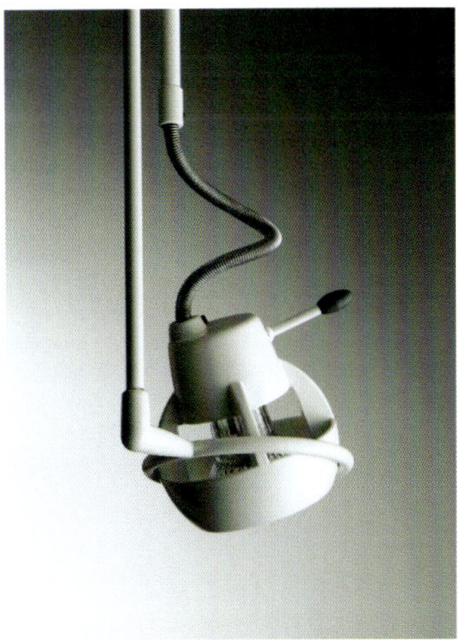

Lunic

Mir

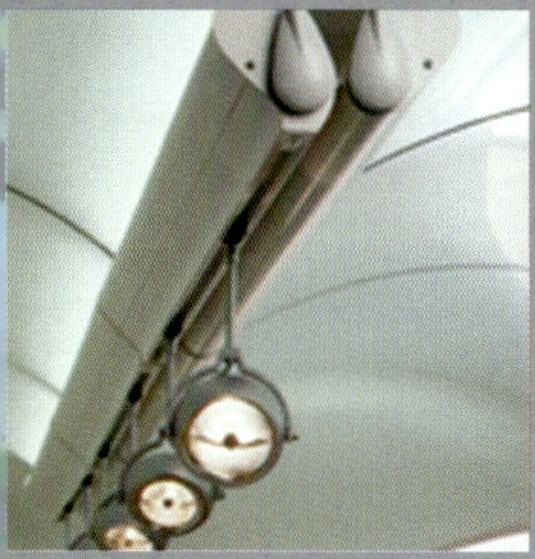
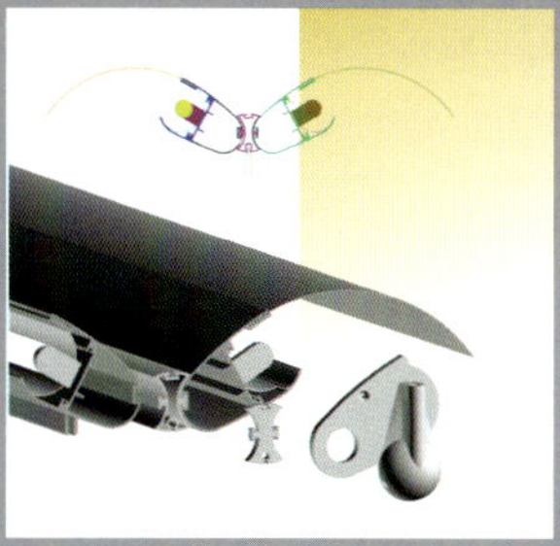

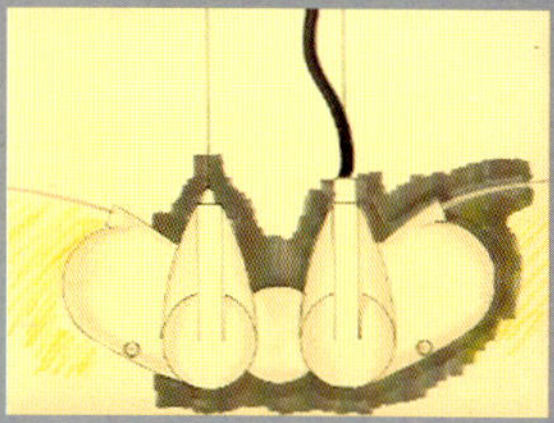

Sistema de iluminación "Beda" (2000) producido por DeO

El sistema "Beda" surgió de la necesidad de crear una iluminación para instalaciones que no generase reflejos ni sombras. La mejor manera de no generar sombras es a través de la luz reflejada. Las lámparas de pie que apuntan al techo generan este tipo de luz, pero hasta que la luz llega al techo pierde intensidad y solamente se refleja un porcentaje. Para aprovechar el máximo de intensidad, este sistema se concibió con la fuente de luz y la superficie reflectante unidas. El resultado son estas bóvedas luminosas. Los tubos fluorescentes se sitúan a ambos lados de las bóvedas, se pueden regular en intensidad y están cubiertos en la parte inferior para no originar reflejos. Las bóvedas pueden ser enteras o medias y en sus carriles se pueden añadir focos o elementos de señalización.Este sistema recibió una selección en la edición de los Premios Delta (ADI FAD) de 2001.

Diva

Dama

Triana

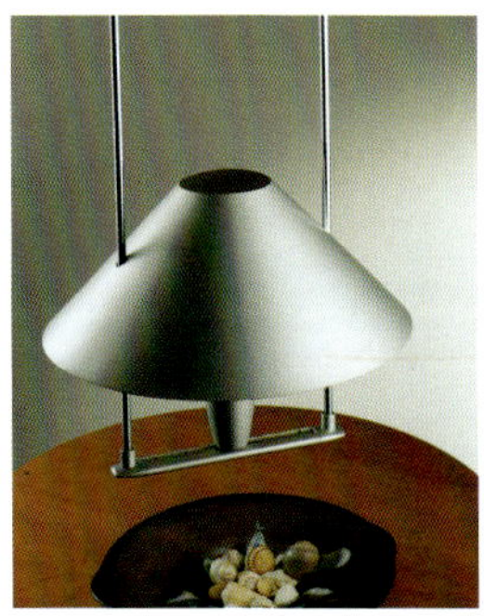

Deco

Trajano

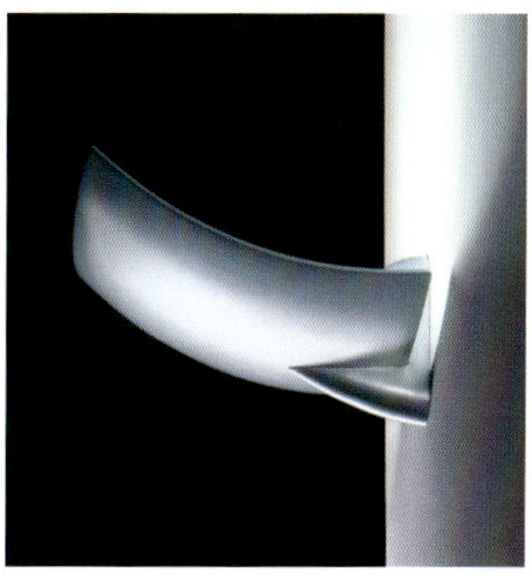

Ado

Ada

Trajano

Celda Iluminación

Manufacturas Celda, un antiguo cliente de Albors también procedió a una reconversión de su sección de iluminación. Celda fue fundada en 1940 y, desde entonces, había trabajado más intensamente el diseño de mobiliario que la iluminación. Tras sus primeras colaboraciones durante los '70 en los muebles de metacrilato, Albors colaboró puntualmente con Celda, concretamente en la mesa de centro "Triplano" (1992). En 1998, Albors les planteó la posibilidad de hacer el papel de director de producto y asesor de su línea de iluminación. Hasta entonces, la producción de lámparas de Celda se había planteado como complemento de su línea de mobiliario. De vez en cuando, se habían incluido algunos productos en el catálogo, sin embargo, la iluminación no conseguía tener una presencia contundente ni una continuidad dentro de la empresa. La presencia intermitente de la iluminación dentro del catálogo no lograba que la confianza de los clientes se afianzase. Albors vio posibilidades, reunió al equipo que empezaba a trabajar con ellos, lo reforzó, creó una imagen nueva, catálogos, stands, productos,... y, lo más importante, hizo del departamento de iluminación, Celda Iluminación, una sección permanente dentro de la empresa . Su continuidad favoreció que surgieran nuevos clientes fijos, interesados concretamente en el apartado de iluminación. Albors desarrolló para Celda el programa "Duno", un programa de lámparas deslizables sobre dos raíles y la lámpara de escritorio "Noa", una versión de la lámpara "Taué" de los '80, mejorada técnicamente.

Duno (1997)

Lámpara de sobremesa "Yiropa" (2000) producida por Celda Iluminación

"Yiropa" se basa en un ingenioso proceso para dotar de un aspecto familiar a una tipología poco común. La lámpara de sobremesa de pantalla troncocónica, es un esquema tan simple que se puede señalar como el arquetipo de las luminarias domésticas. Esta tipología produce generalmente una iluminación ambiental tamizada por la pantalla. Sus prestaciones se podrían ampliar con una luz dirigida que sería útil, por ejemplo cuando el usuario está leyendo. Para conseguir esto, lo mejor sería combinar esta luz ambiental con algún tipo de foco dirigible. Previsiblemente, esta tipología no mostraría un aspecto familiar y, por lo tanto, no hubiese sido bien recibida en el mercado. Para ello, este modelo combina el esquema funcional de dos focos dirigibles, con el aspecto exterior de una lámpara troncocónica. Eso sí, dividida por la mitad y con una articulación de giro para cada una de sus partes.

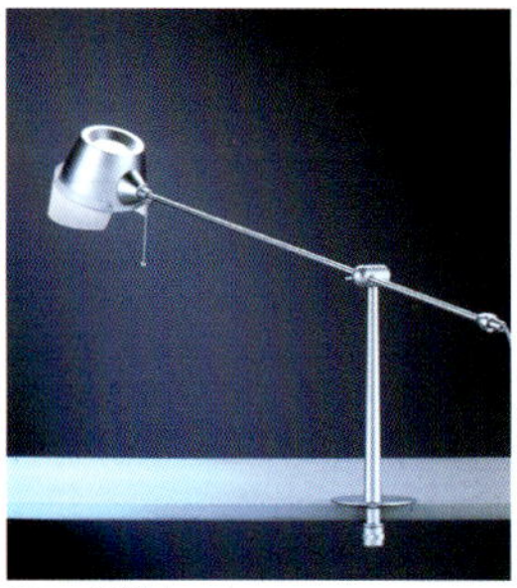

Noa 2001

Taué de Ronda 1985

Clea

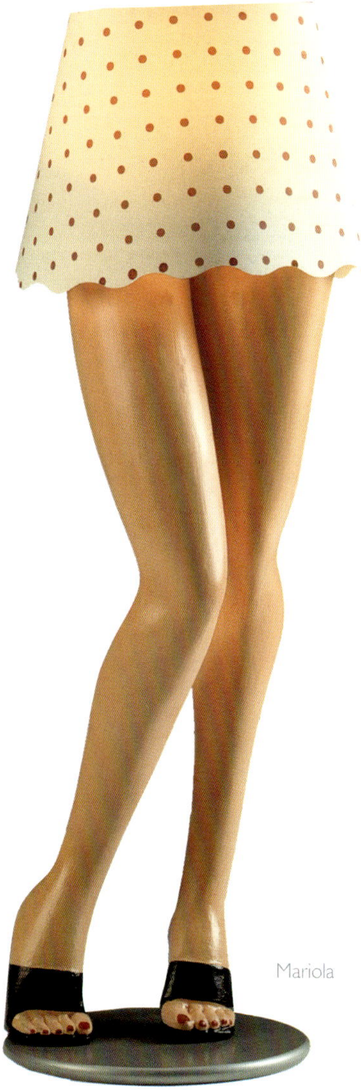

Mariola

Duplo

Expo 25 Años Diseñando Lámparas

En el año 2001, la Fundación Universitaria San Pablo-CEU (actualmente Universidad Cardenal Herrera-CEU) organizó una exposición retrospectiva de la obra de Eduardo Albors denominada "Eduardo Albors, 25 años diseñando lámparas". En esta exposición se mostró un recorrido por la extensa producción del diseñador. Los expositores aportaban unidad dentro de la diversidad de la obra expuesta: lámparas de pie, suspendidas, de suelo, focos técnicos, lámparas coloristas,... Esta exposición suponía un exhaustivo repaso de la obra de Albors, a quien todavía esperaban nuevos retos en el campo de la iluminación.

Zeramic. La cerámica en la iluminación contemporánea

En 2002, la empresa Lampshade, proveedor de pantallas de Celda Iluminación, se interesó en producir iluminación contemporánea y contactaron con Albors. No tenían un plan definido sino vagas propuestas de "hacer algo de diseño". Los propietarios de Lampshade tenían otra empresa, Ilexpa, que producía iluminación clásica de cerámica. Para aprovechar al máximo sus instalaciones, estudiaron la posibilidad de producir iluminación contemporánea en un material insólito... la cerámica. La infraestructura productiva ya estaba presente en Ilexpa, además, la inclusión de este material dentro de la iluminación combinaba unas amplias perspectivas técnicas con un aspecto exclusivo de su producto con respecto a la competencia. Albors preparó un estudio y un planteamiento concreto para comenzar una línea de producción. A pesar de las reticencias iniciales de algunos socios, el diseñador consiguió hacerles ver el potencial de la propuesta. Así se creó Zeramic, a la que Albors dotó, una vez más, de personalidad propia a través de un diseño global.

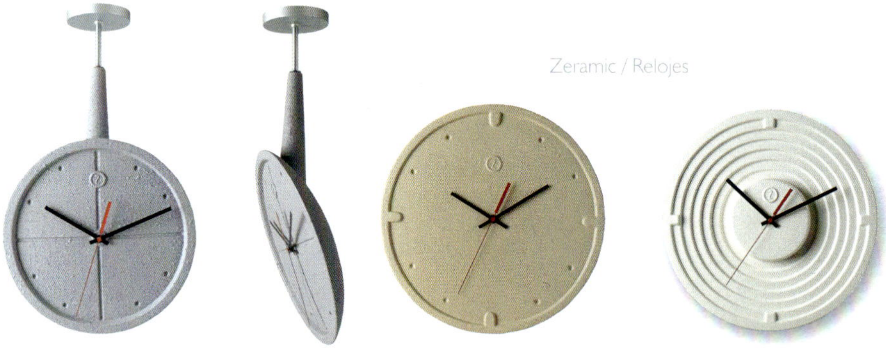

Zeramic / Relojes

Gilda

Luminaria de sobremesa "Wendy" (2002) producida por Zeramic

La cerámica permite realizar piezas de gran tamaño con una inversión mínima. El proceso de producción de piezas cerámicas "por colada" es ideal para crear pantallas, pues reproduce un volumen macizo en una forma hueca de una manera natural. La primera operación consiste en diseñar la pieza y crear el volumen macizo a tamaño real. De cada forma se saca un contramolde que reproduce la pieza en negativo. Este molde se rellena hasta el borde con la pasta cerámica aún líquida. Esta pasta no solidifica por todos los puntos simultáneamente, sino que comienza a solidificar por las paredes de la pieza, las que están en contacto con el molde. Cuando se calcula que ya ha fraguado un grosor suficiente -suele tratarse de unos 5 mm.-, se detiene el proceso de fraguado. Se procede a tirar el sobrante que aún está líquido y se desmoldea la pieza. El resultante tiene todavía una consistencia blanda y reproduce, en hueco, la forma de la pieza original. Para endurecerla, se introduce la pieza en el horno. Tras el proceso de cocción, se repasa con el fin de afinar el contorno de la pieza, se le aplica el revestimiento y ya está lista. El modelo "Wendy" hubiera sido más complicado de realizar, y también más caro, en plástico. La forma hueca se hubiera tenido que fabricar por inyección en dos mitades simétricas, de otra manera no se hubiese podido desmoldear. Una forma tan compleja de realizar en plástico, se obtiene fácilmente en cerámica de una sola pieza.
El volumen resultante es muy limpio, no presenta ni soldaduras, ni juntas.

1

2

Las principales ventajas eran el bajo costo tanto del propio material, como de los procesos de producción. Esto se traducía en amplias posibilidades de experimentación formal que no supondrían grandes inversiones por parte de la empresa. Hay formas que nunca se plantearían en otros materiales por los altos costos de producción pero en cerámica los moldes suponen un coste mucho menor que en otros materiales y el material en si -agua y barro- no añade un coste extra. Por dar una idea, el coste en moldes de toda la primera colección de Zeramic ascendió a unos 12.000 EUR, el equivalente al gasto que supondría los moldes de una sola pequeña pieza realizada en inyección de plástico. Estas ventajas, solamente las ofrece el vidrio aunque, a diferencia de este, la cerámica permite combinar superficies aristadas sin peligro de fractura. Albors explotó al máximo el potencial del material, desarrollando toda clase de tipologías desde el pie de lectura –"Gala"-, a la lámpara de suspensión -"Gilda", "Croma", "Candy"-, la luminaria de sobremesa –"Wendy"- o el aplique de pared. El mismo grupo de empresas recondujo la producción de una de sus compañías, Seval, hacia el sector de la iluminación. En este caso, la producción iba destinada a otro sector de mercado. Albors también coordinó su imagen y línea de productos.

1- Florero Iris / Zeramic
2- Candy / Zeramic
3- Tatúm / Seval
4- Pomba / Seval

3

4

1

2

3

4

5

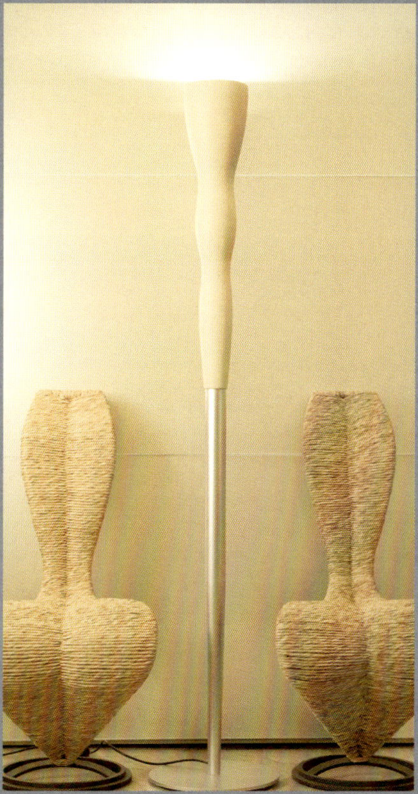
6

1- Croma
2- Sampa
3- Cpb
4- Nina
5- Tritón
6- Lampedusa

ZUL. .... LUZ

Un caso parecido ocurrió con la empresa Creval, una empresa de lámparas "clásicas" y grifería, fundada en 1981, que decidieron orientar su producto hacía el diseño pues su cuota de mercado menguaba. Albors confeccionó un plan de viabilidad, la logística, la filosofía de empresa y la asesoría general de imagen y producto de la nueva empresa, ZUL. Aquí, el protagonismo de los elementos metálicos, del pergamino y del vidrio resulta en una gama de productos diseñados durante los mismos años que Zeramic pero, sin embargo, totalmente diferentes. Entre ellos, destaca la lámpara "Compás", una lámpara de suspensión pensada para acoplarse a los diferentes usos de las mesas extensibles, que puede regular la superficie que ilumina. La lámpara está compuesta de dos focos de luz -suspendidos del techo-, que se pueden acercar o alejar entre si al subir o bajar un contrapeso. Cuando la mesa esta plegada los dos focos se acercan, ajustando la superficie a iluminar con el tamaño de la mesa, por el contrario, cuando la mesa está extendida, los dos focos se pueden alejar entre si, para abarcar así una superficie mayor.

Compás

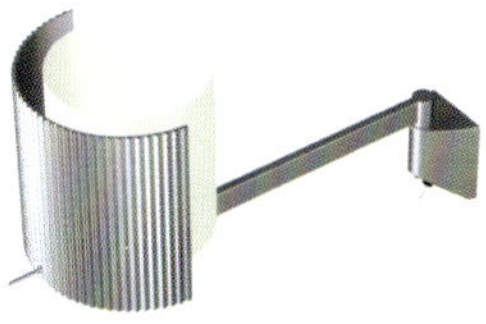

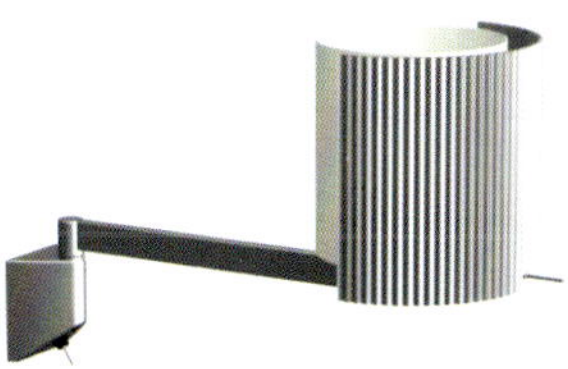

Eclipse

Zorba

Hidra

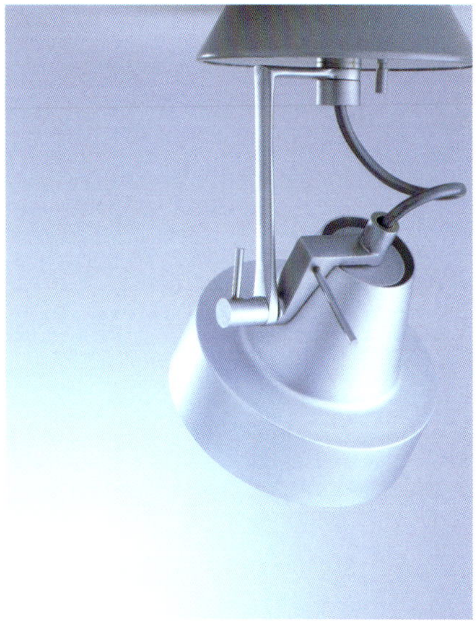
Lupo

Ness

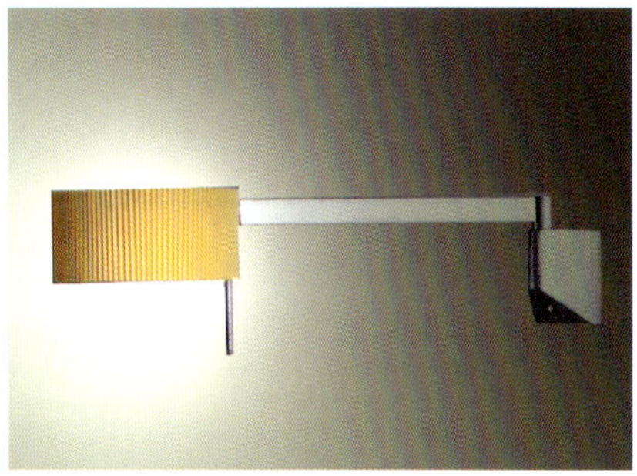
Nexus

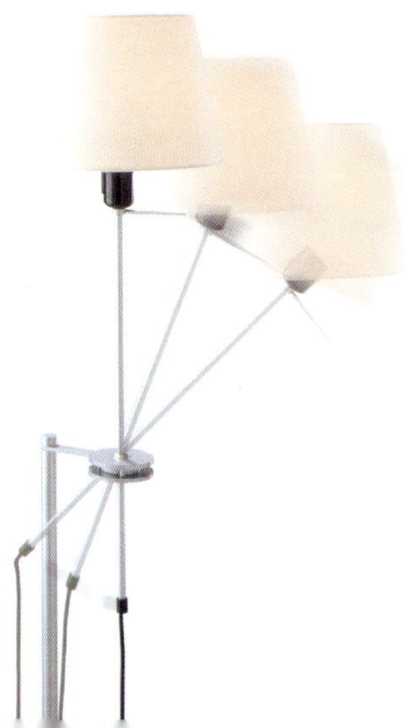

Tomba

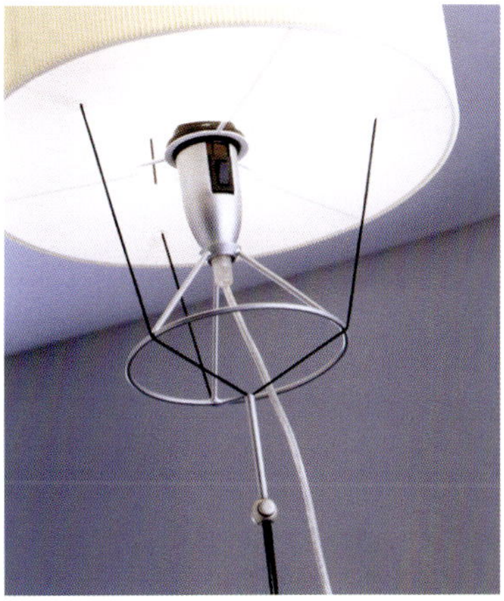

Float

Cometa

Magic

Iluminación de Exteriores y Mobiliario Urbano

La iluminación de exteriores y de espacios públicos había sido puntualmente explorada por Albors en algunos encargos de Ronda y Trumbo. Sin embargo, este sector fue tratado con más profundidad en su colaboración con la empresa Tecnología & Diseño Cabanes (T&D Cabanes), fundada en 1994 -aunque proveniente de la empresa familiar de Juan Vicente Cabanes fundada, a su vez, en 1917. Al contrario que otros productos, el mobiliario urbano no va dirigido al usuario final del producto sino a usuarios intermedios, generalmente arquitectos que los insertan en proyectos urbanísticos. Por lo tanto, sus piezas deben ofrecer una imagen contundente pero, al mismo tiempo, poder adaptarse a proyectos diversos, guardando un equilibrio entre presencia y anonimato.Para ello, algunos productos presentan la posibilidad de ser personalizados en función del municipio o de las características concretas del proyecto.

Las farolas deben asumir propiedades urbanísticas, de la misma manera que las luminarias de interior asumen características domésticas. En 1993, Albors ya había planificado el urbanismo general y el diseño arquitectónico de una urbanización en Denia (Alicante). Aunque este proyecto no se llegó a llevar a cabo, la experiencia de proyectarlo le preparó para tener una visión general de las necesidades específicas del urbanismo, que posteriormente reflejó en su labor para T&D Cabanes.

La farola "Grupius" (2004), realizada en fundición de aluminio a alta presión, lleva un terminal en la parte superior donde se sitúa un led. El cliente elige el color de esta luz, que da la posibilidad de definir subzonas dentro de extensas áreas con urbanismo homogéneo -como puede ser una zona de aparcamiento o una urbanización. Esto permite subdividir grandes áreas en, por ejemplo, la zona roja, o la zona verde, permitiendo que el usuario localice fácilmente su destino.

Por otro lado, la farola "Naos" (2004) introduce un foco modular que plantea varias posibilidades combinatorias. Cada módulo tiene la forma de un sector circular de 120° -el tercio de un anillo. Por tanto, se puede instalar con un solo sector o añadir más módulos, hasta tres, que iluminaría un área circular completa. De esta manera se puede unificar la iluminación de una zona pero adaptándose a las características del proyecto. La farola simple se situaría en los laterales de la zona a iluminar -por ejemplo, a los lados de una calle-, la farola doble es más indicada para esquinas y la farola triple se situaría en el medio de la zona a iluminar -indicado principalmente para espacios abiertos como una plaza .

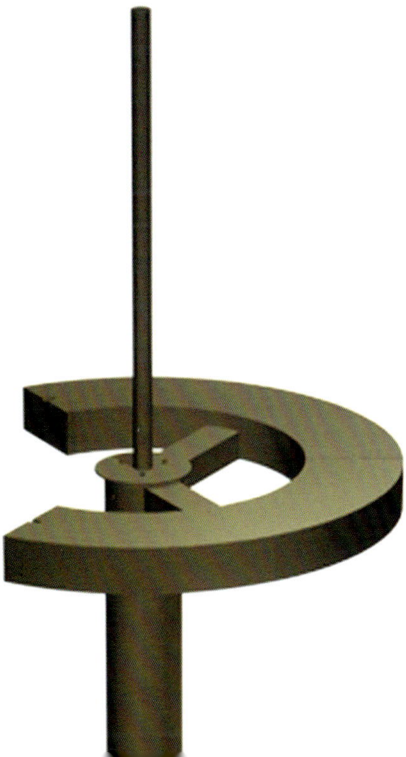

Naos

Aurea -2001

Alba 2001

Dino

Duna

Respaldo Tirso (2003) Produce T&D Cabanes
Albors pensó una alternativa para bancos de exterior, diseñando un respaldo modular independiente para adaptar a bases de asiento ya existentes o proyectadas para acoplar el respaldo, pudiendose adaptar a bases de hormigón, piedra, madera o acero.

La versatilidad de este respaldo que puede ser para empotrar o fijar a la superficie, permite diseñar a los arquitectos conjuntos especificos para cada proyecto situando los respaldos en múltiples combinaciones, pudiendolos sustituirlos fácilmente en caso de deterioro.

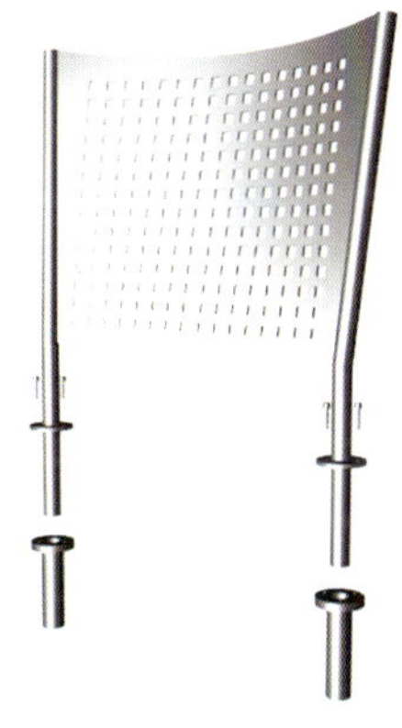

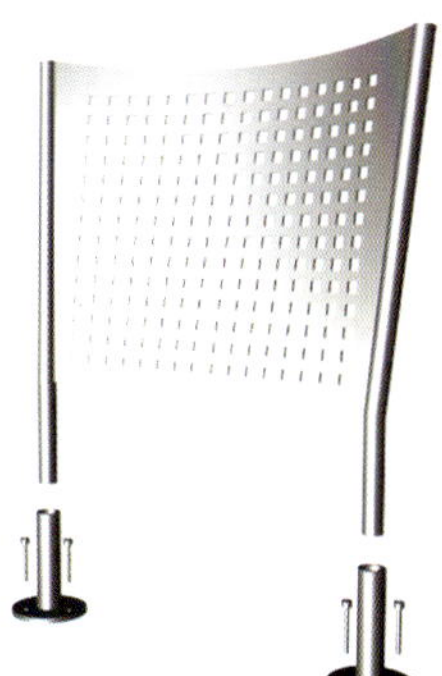

Conclusión : Valencia, Altea, Sao Paulo

Albors maneja a la perfección el vocabulario básico de su oficio: materiales, procesos de producción y acabados. Este dominio de los aspectos técnicos le ha servido en numerosas ocasiones como fuente creativa. Ha sabido acertar, no solamente en los aspectos formales, sino también en la adaptación de un producto a las posibilidades de fabricación de un cliente. En este sentido, ha sabido sacar el máximo partido a la interacción entre empresa y diseñador, adaptando sus diseños a empresas con grandes posibilidades (ej. Rogu) y también con grandes carencias (ej. Lámsar).

Su trabajo creativo no se ha visto sometido a los aspectos productivos, en cambio, se ha alimentado de él. Sobretodo, porque ha sabido utilizar estos conocimientos de una forma heterodoxa. Por ejemplo, en la lámpara "Sorongo" o "Visera" (1979) donde la necesidad de producir una luminaria con escasa inversión inicial, le llevó a explorar nuevas posibilidades para el pergamino. Un material que normalmente se utiliza exclusivamente para las pantallas, por su capacidad de matizar la luz, en este caso desempeña un papel estructural, formando todo el cuerpo de la luminaria. Otro ejemplo es la lámpara "Antorcha" (1988). En el campo de la iluminación, no todas las piezas que componen una luminaria están diseñadas ex profeso, sino que, empezando por las lámparas en si, muchas de ellas son piezas estándar. La reutilización de piezas ya existentes se exploró en este diseño donde el cuerpo de esta lámpara es, en realidad, la pantalla de vidrio de un diseño anterior. Con ello, obtiene una lámpara con la base transparente. Un concepto sorprendente que ni siquiera necesitó inversiones en matricería. El control sobre las piezas existentes, las posibilidades y también los requisitos que deben cumplir, le permiten crear nuevos productos que se adaptan a las posibilidades del cliente y que además aportan nuevas soluciones.

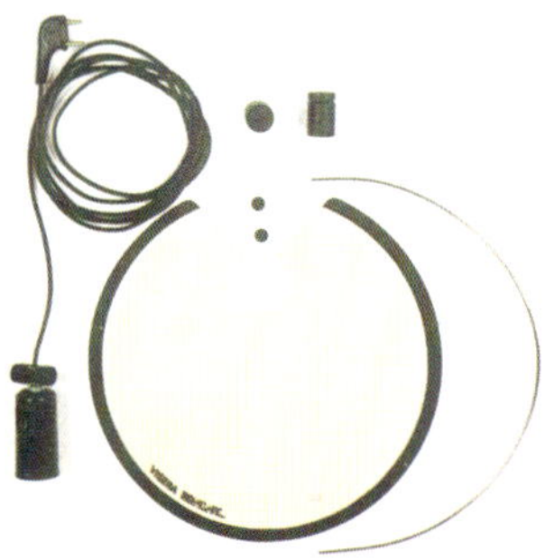
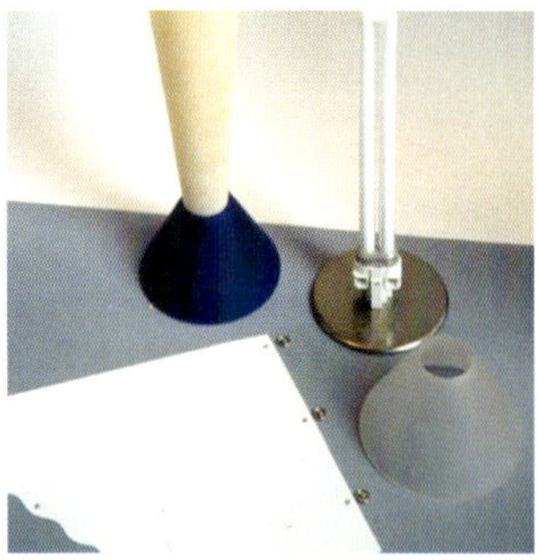

Otra de sus capacidades, relacionada con la anterior, es su capacidad de dar la vuelta a problemas técnicos para convertirlos en ingeniosas soluciones formales. Un ejemplo de esto es la solución aplicada tanto en la pantalla de "Trina" (1990) como en "Duplex" (1996), donde el cierre de la pantalla de pergamino enriquece su papel constructivo con un efecto decorativo. Otro ejemplo es la lámpara "China" (1983). Su estructura de madera sostiene los elementos de papel y cartón -pantalla y cuerpo, respectivamente- y por ello se hace necesariamente visible. Al pintarla de un color llamativo también aporta un atractivo formal al conjunto.

A pesar de haber trabajado mayoritariamente en el sector de la iluminación, Albors ha explorado también los campos de la arquitectura, el interiorismo, la fotografía, el mobiliario, el juguete y el gráfico. Todo este bagaje le ha servido para afrontar con éxito sus actuaciones de diseño global. Estas operaciones necesitan un acercamiento multidisciplinar, que combinan, por un lado, la actuación en diversos campos y, por otro, la aplicación de un criterio coherente y unificador. Solamente en este punto de equilibrio entre la diversidad y la coherencia, se puede dotar a una empresa de una personalidad propia que muestre una continuidad entre su producto y todos sus recursos comunicativos. Al fin y al cabo, el objetivo es la creación de un todo coherente que muestre una identidad empresarial clara e inspire confianza al consumidor.

Sus actuaciones de diseño global corrían el peligro de dar como resultado una multiplicación de empresas con la misma personalidad. En cambio, sus intervenciones de base han derivado en diferentes conceptos para cada empresa. Zass, Lámsar, Zeramic o Zul tienen todas un a personalidad diferente. Los diseños para Zass tenían unas calidades mucho más escultóricas, por la combinación de diferentes materiales y colores. Todo lo contrario que su trabajo para Zul, más monocromo. Un trabajo de líneas muy claras pero, sin embargo, reducido a la utilización de metal y pergamino que aporta un carácter más esquemático.

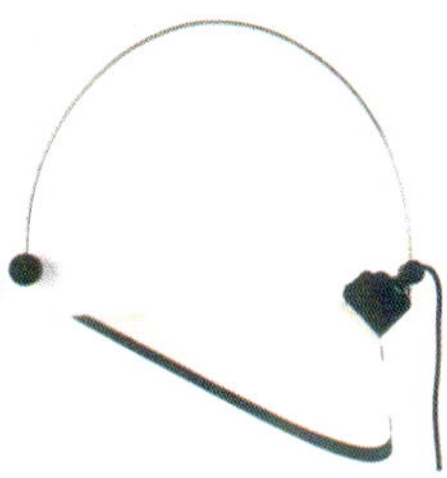

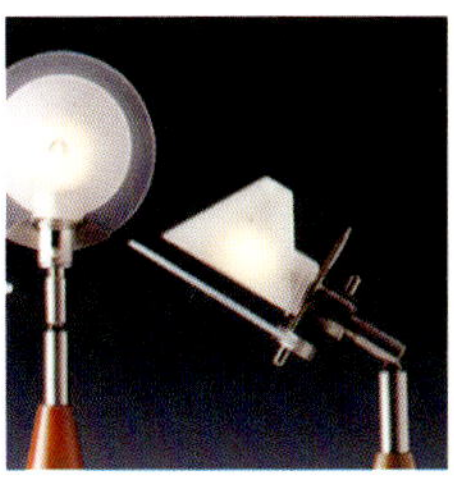

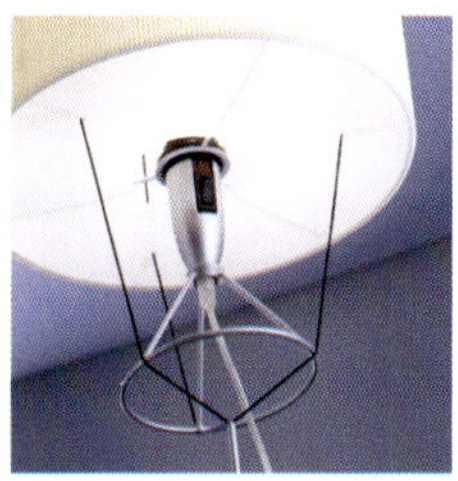

Una constante formal de su obra son las líneas sobrias, en muchos casos marcadamente geométricas. Precisamente, estas formas sencillas han dado protagonismo a los materiales utilizados en cada caso. La madera, la rafia, el pergamino,... aportan la calidez expresiva a la pieza. Por otro lado, este factor no ha impedido que el color haya estado presente, como en "Colorín" (1980) o "Taué" (1983). En cada pieza subyace un esquema geométrico, si bien es cierto que en esta geometría también caben los volúmenes redondeados e incluso hay sitio para las curvas. Sin embargo, son muy escasas las formas orgánicas, aunque, de vez en cuando, esta constante geométrica se rompe. En el caso de la lámpara "Mariola" (2000), al esquema de pie de salón se le añadieron dos piernas femeninas de cartón piedra, convirtiéndose, como Albors señala, en dos "piernas de salón". Si bien es cierto, este caso se planteó como un elemento fuera de la línea general de Celda, su productora. Un proyecto experimental dentro de la colección "Modus" para celebrar los 25 años de la empresa y otorgar variedad al catálogo.

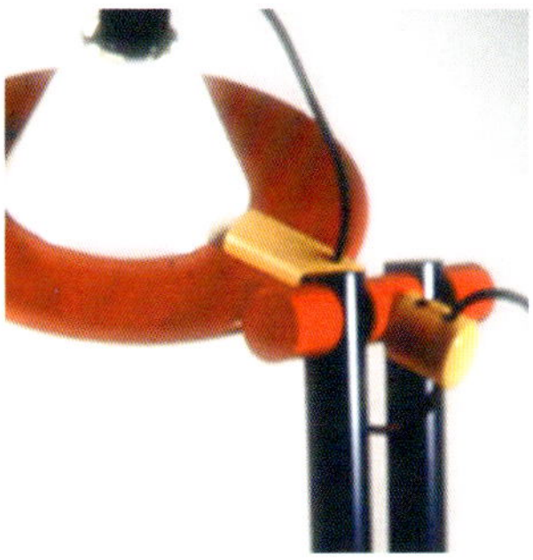

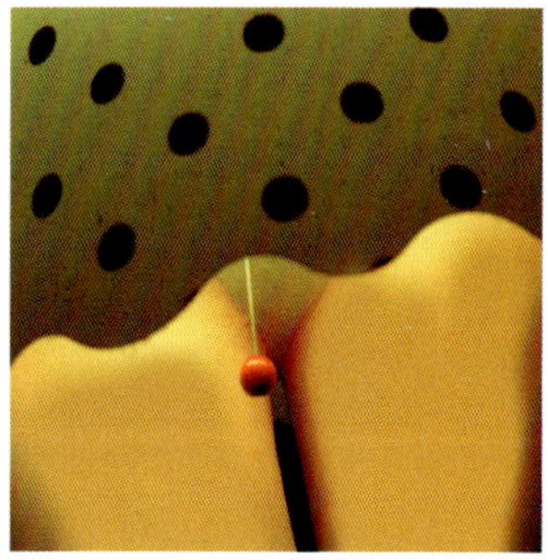
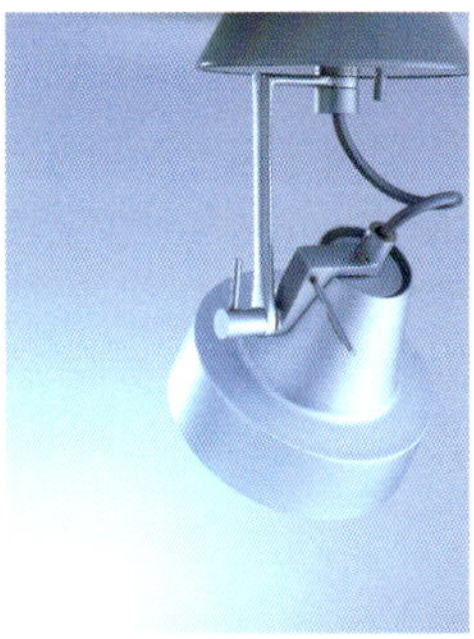
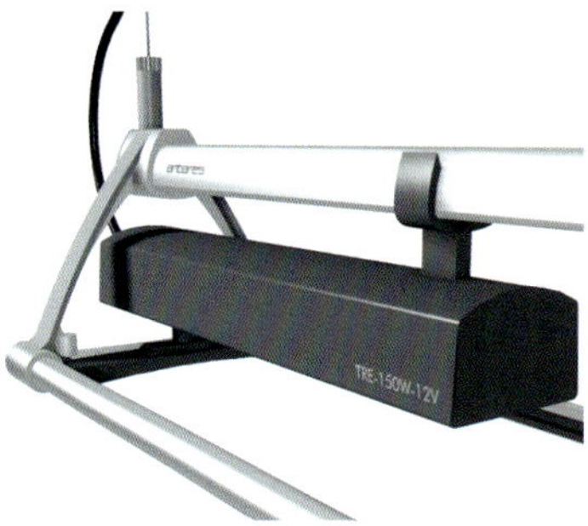

Para concluir, calificar la figura de Albors como un inquieto explorador, en lo que respecta a técnicas, sectores industriales o recursos expresivos. El metacrilato, el spray, el pergamino, la cerámica, la luz... sirven como base para su búsqueda constante. Las posibilidades de los materiales, ya sean técnicas o expresivas, le estimulan para sumergirse en la ilustración, el mobiliario o la creación de ambientes. Esta falta de prejuicios creativos le ha permitido trasladar el lenguaje del juguete a la iluminación, encontrar la forma de una lámpara en un tapón de spray o proyectar bóvedas luminosas. Estos trasvases requieren de un dominio de cada sector para que ofrezcan resultados óptimos y no se conviertan en sonados desastres. Su permeabilidad se abre a estímulos de distintas procedencias. La luz de Valencia, el mar de Altea o la samba de Sao Paulo, configuran un panorama de ricas y diversas referencias vitales que se plasman en su no menos rica y diversa obra creativa.

Javier Gimeno Martínez
Katholieke Universiteit Leuven (K.U. Leuven)

Estudio
2005

Bibliografía

Bibliografía general:
Diseño Comunicación (1978-83) *Diseño comunicación*, 2, 3, 5-11, 17, 21-24. Valencia: Instituto de Promoción Industrial.

Cañas, Gabriela (1985) "Made in Valencia", *El País. Artes*, 22 de junio.
Muñoz, Manuel (1985) "El mueble está servido. La Feria de Valencia supone el despliegue del diseño español de mobiliario", *El País. Artes*, 28 de septiembre: 1 y 6.

IMPIVA (1986) *Memoria 1985. Anexo*. Valencia: Instituto de la Pequeña y Mediana Industria Valenciana.

IMPIVA (1986 (1985)) *Informe Cero: Situación del diseño en la Comunidad Valenciana*. Valencia: Instituto de la Pequeña y Mediana Industria Valenciana.

VV. AA. (1988) "Fabricar disseny", *El País. Extra*, 21 de diciembre.

IMPIVA (1989) *Catálogo de profesionales de diseño industrial y gráfico*. Valencia: Instituto de la Pequeña y Mediana Industria Valenciana.

Coad, Emma Dent (1990) *Spanish design and architecture*. Londres: Studio Vista.

Aracil, Rafael, Oliver, Joan y Segura, Antoni (1995) *El mundo actual. De la Segunda Guerra Mundial a nuestros días*. Barcelona: Universitat de Barcelona.

Buesa, Mikel y Molero, José (1996) *Innovación y diseño industrial. Evaluación de la política de promoción del diseño en España*. Madrid: Civitas.

MNCARS (1998) *Diseño industrial en España* [cat. exp.]. Madrid: Museo Nacional Centro de Arte Reina Sofía.

MNCARS (2000) *Signos del siglo. 100 años de diseño gráfico en España* [cat. exp.]. Madrid: Museo Nacional Centro de Arte Reina Sofía.

Torrent, Rosalía (2000) *Xavier Bordils. Disseny global*. Castellón: Ayuntamiento de Castellón/ Universitat Jaume I.

Pérez Puche, Francisco (2001) *La valencia de los años 70*. Valencia: Carena.

Bibliografía específica (clasificación cronológica):
1979
- Caps i Mans (1979) "Caps i Mans. Grupo de diseño. Valencia", *Informaciones. Revista del Gremio Provincial del Comercio de Muebles*, enero: 1-7. Barcelona.
- Albors, Eduardo (1979) "El diseño industrial en el País Valenciano", *Diseño comunicación*, 9, septiembre/octubre: 1-2. Valencia : Instituto de Promoción Industrial.

1981
- Caps i Mans (1981a) "Iluminación producto 'Made in Spain'", *Diseño comunicación*, 14, abril: 2-3. Valencia : Instituto de Promoción Industrial.
- Caps i Mans (1981b) "'Sorongo' la solución para un problema", *Diseño comunicación*, 14, abril: 4. Valencia : Instituto de Promoción Industrial.
- Caps i Mans (1981c) "Colaboración empresa-diseñador. Una experiencia productiva", *Diseño comunicación*, 14, abril: 5. Valencia : Instituto de Promoción Industrial.

1984
- Ronda (1984) "...apresentaçao da nova imagem e produto Ronda..."[op.], abril. Sao Paulo: Ronda.

1985
- Laguna, Teresa (1985) "...Y la nave paró en Casablanca hasta el amanecer. La noche del diseño en Valencia", *Levante*, 28 de septiembre.
- La Nave (1985) "La Nave del diseño", *On Diseño*, 64: 109-114. Barcelona.

1986

- EAC (1986) *Espai d'art contemporani*, 2, diciembre .Valencia.
- La Nave (1986) *La Nave. Diseño* [op.]. Valencia.
- Prats Rivelles, Rafael (1986) "E la nave va... Espai d'Art Contemporani", *Valencia-fruits*, 21 y 28 de diciembre: 23. Valencia.
- Prats Rivelles, Rafael (1986) "En el E.A.C. La tarea diseñadora de La Nave", *Levante*, 26 de diciembre: 37.
- BCD (1986) *Catálogo de productos seleccionados para los Premios Delta 1986* [cat. exp.], "Colección Temas de Diseño". Barcelona: Fundación BCD.
- ON (1986) "ADI FAD. Premis Delta '86", *ON Diseño*, 74: 16-37. Barcelona.

1987

- Clemente, Juan (1987) "ADGFAD. Premios Laus 86", *La luna de Madrid*, 36, febrero: 66. Madrid.
- El País (1987) "Creadores valencianos exponen sus propuestas sobre el diseño de sillas", *El País*, 20 de noviembre. Madrid.
- Ginés, Eugenio (1987) "Una interpretación libre sobre una silla de estilo Luis XV. La muestra se puede contemplar en la sala de exposiciones del Ayuntamiento", *Las Provincias. Habitar*, 28 de noviembre.
- De Diseño (1987) "Crónicas. Ésto no es una silla", *De Diseño*, 13: 125. Madrid.
- D&I (1987) "Prédio e produto, uma só linguagem. Ronda Iluminaçao (loja III)", *Design & Interiores*, 1: 13-17. Sao Paulo.

1988

- ADCV (1988) *Ésto, no es una silla* [cat. exp.]. Valencia: Asociación de Diseñadores Profesionales de Valencia.
- Blanco, Ignacio y González, Gema (1988) "Los doce mejores DNI", *Levante*, 16 de abril: 73.
- Lavernia, Nacho (1988) "Ésto no es una silla. Exposición de diseño experimental en Valencia", *Ardi*, mayo: 86-87. Barcelona.
- La Nave (1988) "Un rumbo insólito. Los diseños del grupo valenciano La Nave", *Ardi*, septiembre-octubre: 146-193. Barcelona.
- Lavernia, Nacho y Nebot, Daniel (1988) "La Nave. No son malos tiempos para la lírica", *On Diseño*, 95: 44-47. Barcelona.
- Ortega, Marisa (1988) "La Nave sigue su curso", *El Globo*, 29 de agosto: 80-82.
- Borges, Adélia (1988) "E La Nave vem", *Design & Interiores*, 7, 1988: 100-104. Sao Paulo.
- Fernández, Lluis (1988) "La Nave", *Nuevo Estilo*, septiembre: 12. Madrid.

1989

- Julier, Guy (1989) "La Nave: Valencia. Sun, sea and anarchy", *Blueprint*, diciembre: 35. Londres.
- Gap Casa (1989) "La Nave. L'arca di Noè del diseno valenciano", *Gap Casa*, marzo. Milán.
- Panorama (1989) "Los protagonistas de la modernidad mediterránea. La 'posmovida' revoluciona la ciudad", *Panorama*, 95, marzo: 58-65.
- Borges, Adélia (1989) "Férteis trilhas da intuição", *Design & Interiores*, 15: 70-74. Sao Paulo.

1990

- Dunia (1990) "La Nave. Estrellas del diseño valenciano", *Dunia*, abril: 38-40. Barcelona.

1991

- Pardo Alonso, Lorena (1991) "Eduardo Albors. Diseños con talismán", *Infomueble decoración*, diciembre: 67-75.

1992

- Diseño Interior (1992) "Eduardo Albors. Mesas Trina y Triplano. En busca de soluciones definitivas", *Diseño Interior*, 18, septiembre: 50A. Madrid.
- DOM (1992) *Diseño de Objetos y Mobiliario* [cat. exp.]. Valencia: Generalitat Valenciana. Presidencia.

1993

- Ardi (1993) "Colección Fórum de Chueca", *Ardi*, 31, enero/febrero: 166-167. Barcelona.

2000

- Álvarez, Ana (2000) "La prolífica carrera de Eduardo Albors", *Informaciones de luz*, 9, abril: 52-63.
- Albors, Eduardo (2000) Entrevista con el autor, noviembre.

2001

- Albors, Eduardo (2001) *Eduardo Albors. 25 años diseñando lámparas* [CD].

2002

- Gimeno, Javier (2002) "La Nave: how to run an anarchical design company", en *Journal of Design History*, 15 (1): 15-32. Oxford University Press.

2005

- Albors, Eduardo (2005) Entrevista con el autor, mayo.

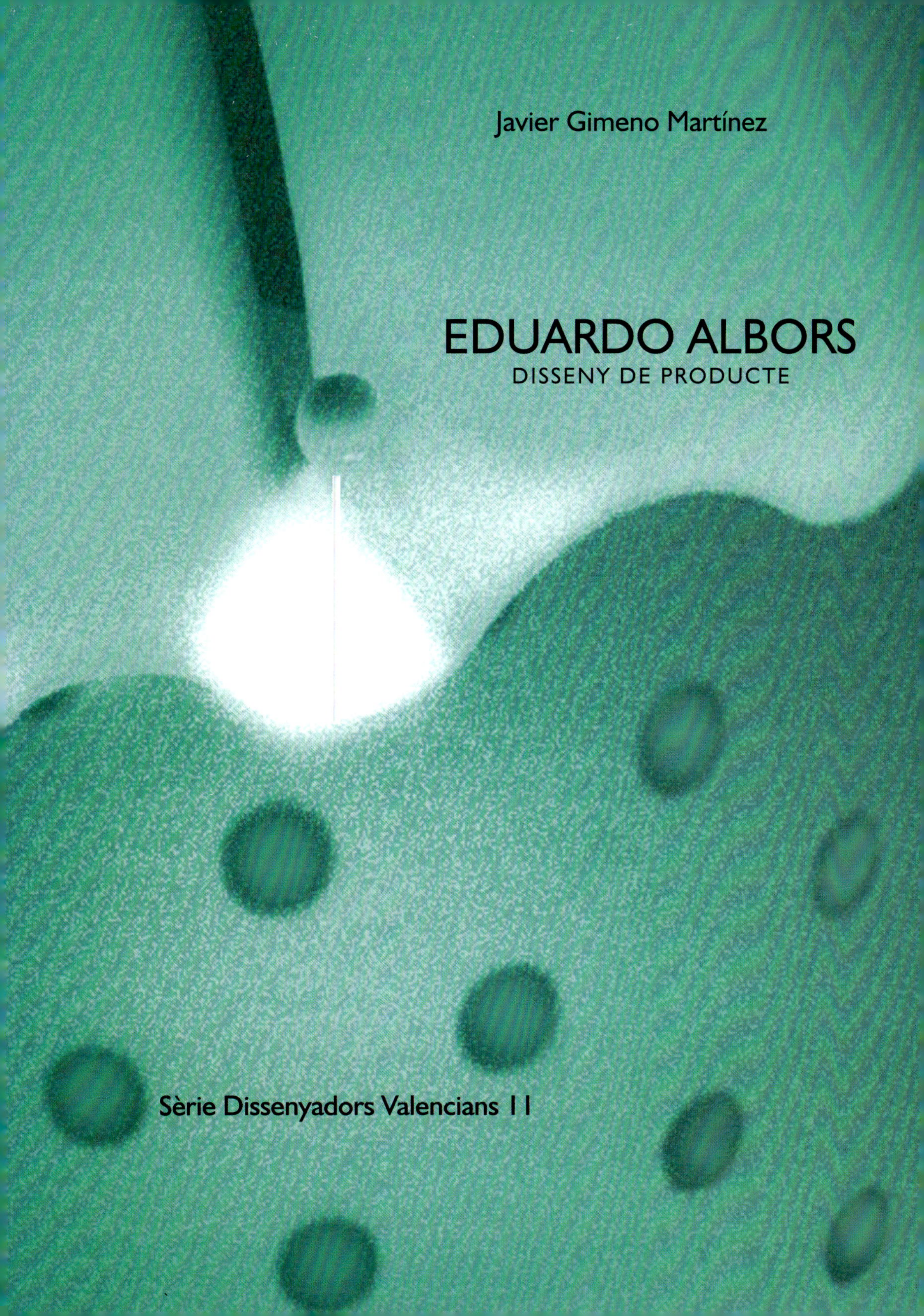

Javier Gimeno Martínez

EDUARDO ALBORS

DISSENY DE PRODUCTE

Sèrie Dissenyadors Valencians 11

Títol:

Eduardo Albors. Disseny de producte

Índex

Introducció

Eduardo Albors compta amb una llarga trajectòria professional que va començar en 1972 i es prolonga fins avui. Aquest període ha sigut un dels més interessants de l'evolució del disseny a la Comunitat Valenciana, durant el qual ha tingut lloc un canvi de mentalitat al voltant de la professió que ha arribat a les institucions públiques, a l'empresariat i als consumidors. Des de la fundació de Caps i Mans en 1972, Albors ha sigut protagonista d'aquesta evolució.

La dècada dels anys setanta va estar marcada per la transició política, un agitat període polític que va començar amb la mort de Franco en 1975. La democratització va donar lloc a un progressiu oberturisme econòmic i una creixent ampliació de les llibertats socials. Pel que fa a la professió de dissenyador, es donaven unes circumstàncies poc prometedores. Els empresaris desconeixien que els productes portaven associada una propietat intel·lectual i que un dissenyador podia tenir un paper fonamental a l'empresa. El mercat local era poc receptiu al «disseny industrial» i les empreses estaven acostumades a copiar. A aquesta conjuntura s'unia la falta d'uns estudis adequats per als dissenyadors industrials. Publicitat, Belles Arts o Interiorisme eren les úniques especialitats on es forjaven els futurs dissenyadors. A pesar d'això, la Comunitat Valenciana oferia un gran potencial en els camps del joguet, el moble i la il·luminació. En la segona meitat dels anys setanta es van prendre iniciatives concretes per part de l'Institut de Promoció Industrial (IPI) que van obrir el debat sobre el disseny industrial.

La dècada dels anys vuitanta va iniciar el canvi en la concepció del disseny. Els professionals reivindicaven la seua labor com un aspecte lligat a la indústria, però també a la cultura. L'aposta per la modernitat del govern socialista de la Generalitat Valenciana i de l'Ajuntament de València van procurar els mitjans necessaris perquè el disseny formara part activa de la renovació de la Comunitat. La dècada es va tancar amb una situació totalment diferent de l'anterior: es va fundar una associació de dissenyadors, es van obrir nous punts de venda per al disseny i van aparèixer programes d'educació superior específics en disseny industrial.

Els anys noranta van suposar la consolidació tant del moble com de la il·luminació contemporània dins del teixit industrial de la zona. El disseny va aconseguir una normalització, després del «boom» dels vuitanta. Moltes de les grans empreses van afegir una secció de disseny contemporani dins del seu catàleg, cercant l'ampliació dels seus clients cap a un mercat que guanyava en presència. Va ser durant la segona meitat dels anys noranta i els primers anys de la dècada següent quan l'empresariat valencià va assumir la producció de disseny actual i on els dissenyadors van trobar el seu lloc dins de l'organigrama empresarial.

La trajectòria d'Albors ha anat unida a l'evolució d'aquest panorama empresarial. El seu paper ha sobrepassat les funcions pròpies del dissenyador –que normalment s'encarrega del disseny del producte–, per a passar a assessorar les empreses en tot allò que es refereix a imatge i producte. Albors ha col·laborat estretament amb els empresaris i fins i tot, sovint, ha sigut ell qui ha proposat possibles trajectòries empresarials.

La seua versatilitat ha fet que explorara quasi tots els camps del disseny industrial –joguet, moble, electrodomèstics...– a pesar d'això, ha dedicat els seus majors esforços al sector de la il·luminació. Un sector complicat que exigeix el coneixement de normatives, tecnologia, processos... El dissenyador de sistemes d'il·luminació actua en dos fronts: d'una banda, en la creació de les lluminàries com uns objectes atractius i funcionals, d'una altra, en la llum que emeten aquests artefactes. Una varietat d'encàrrecs que van des del llum escultòric fins al focus de precisió. En aquest sentit, fa falta una personalitat versàtil perquè cada encàrrec implica una perspectiva de treball totalment diferent. Albors domina els aspectes tècnics a la perfecció i també sap traure-hi el potencial poètic a la llum, quan l'encàrrec ho requereix. La matèria primera del disseny d'il·luminació és bàsicament immaterial: la llum. Una matèria primera tan etèria ofereix pocs esquemes on agafar-se i, al contrari, una extensa gamma de possibilitats per explorar.

Capítol I: Els inicis (1972-1982)

Eduardo Albors va estudiar Arts Aplicades a l'acadèmia Peris-Torres durant tres anys, i va combinar aquests estudis amb Ciències Empresarials. En aquells moments, Albors dubtava entre continuar el negoci familiar o dedicar-se a alguna professió alternativa. Durant aquest període va conèixer Jorge Luna, un amic del seu germà que treballava a Alacant per a una agència de publicitat. Ell li va suggerir la idea de muntar un estudi de disseny. «Això em va sonar a mi a glòria. No sabia molt bé de què es tractava però, en fi, em va obrir un poc els ulls» (Albors 2000). Va decidir abandonar el seu treball, els seus estudis i formar Caps i Mans el 1972. Aquesta opció el permetia posar en pràctica els coneixements adquirits en ambdós estudis, tant la part creativa d'arts aplicades, com els coneixements adquirits en empresarials. D'una banda, controlava la part creativa del disseny però també coneixia el funcionament intern d'una empresa, el màrqueting, un estudi de mercat, la gestió de l'empresa... Aquests aspectes li atorgaven una visió realista de com havia de dirigir la seua pròpia empresa i també com havia d'integrar els seus dissenys dins d'altres projectes empresarials.

Els primers anys de Caps i Mans

Les activitats que envoltaven el disseny a València eren extremadament precàries, encara que es començava a albirar un lleuger canvi. En 1967, el Col·legi d'Arquitectes de València va organitzar les «Converses sobre disseny industrial» en col·laboració amb l'Associació de Dissenyadors Industrials- Foment de les Arts Decoratives (ADI FAD). Les jornades van durar tres dies i hi van participar ponents com ara Tomás Maldonado (director de l'Escola d'Ulm i llavors president de l'International Council of Societies of Industrial Design-ICSID), el crític Alexandre Cirici Pellicer o l'arquitecte Antoni de Moragas. A més, es va celebrar una exposició retrospectiva dels Premis Delta de disseny –atorgats pel ADI FAD– des de la seua primera edició l'any 1961. Les jornades pretenien estimular el desenvolupament del disseny industrial a València. Com recorda Tomás Llorens, autor del catàleg, aquestes manifestacions es produïen «en un moment en què encara no es coneixia un sol cas d'encàrrec de disseny d'un producte per part d'algun industrial valencià» (MNCARS 1998: 97). Per tant, com apunta l'autor, els seus efectes es van veure limitats al debat cultural, ja que la mentalitat empresarial que hi havia no afavoria aquest desenvolupament.

D'altra banda, al maig de 1970 es va inaugurar la nova Fira Mostrari Internacional de València, que va traslladar la seu des de l'Albereda a Benimàmet. Aquest organisme constituïa un estimulant per a les empreses locals, que es van haver de mesurar periòdicament amb altres empreses del sector durant els certàmens firals. Una via d'entrada a la diversitat empresarial.

En aquest panorama va sorgir Caps i Mans. Inicialment, Albors va començar a treballar en un concurs d'entapissats per a Profitós (Barcelona), un altre de skay... Va arribar un moment en què va haver

El primer client: Lámsar

Els sectors industrials valencians més representatius incloïen il·luminació, mobles, ceràmica, joguets... El teixit industrial valencià derivava d'empreses artesanals familiars que havien evolucionat a mesura que el mercat augmentava. Per tant, la regió no era un camp desert per a un dissenyador industrial, no obstant això, les empreses no incloïen la innovació com una de les seues prioritats. Al contrari, els productes es copiaven directament de productores estrangeres aprofitant la celebració de fires internacionals. Els que exercien la funció de dissenyadors o «modelistes» eren els mateixos directors o gerents de les fàbriques (IMPIVA 1986 (1985)). Encara així, Albors va decidir provar sort en els sectors locals i de tots aquests es va concentrar en el que, ja llavors, més el va atraure: la il·luminació. A través de les Pàgines grogues va començar a buscar empreses d'il·luminació; tot eren fàbriques de bronzes artístics, llums «clàssics»... fins que va trobar una diferent que s'anunciava com «llums extensibles: Lámsar» i justament era davant de casa seua.

S'hi va presentar, a les bones, amb la seua «flamant targeta platejada» de Caps i Mans i, casualment, el propietari, Benjamín García, acabava d'arribar d'Itàlia amb llums de disseny davall el braç disposat a copiar-les. Venia de la Fira de Milà amb la idea d'iniciar un tipus de producte de llum per a despatx. Albors es va presentar, dient que era un grup de disseny, que volien treballar en il·luminació. Li va proposar presentar algunes idees. L'empresari va accedir, precisament, volia iniciar un producte diferent i fer coses noves. Així va començar una llarga relació professional.

Lámsar tenia amb unes instal·lacions molt limitades. Una enorme nau buida. Amb una taula de treball en un racó. La plantilla estava composta per l'amo i la secretària, que era també la muntadora. La seua producció consistia en estris per a clíniques: extensibles amb lupa, accessoris per a hospitals..., però la seua principal activitat era la il·luminació. Bàsicament, la seua producció consistia a muntar llums de tipus extensible, basades en el clàssic model L-1 de Jac Jacobsen, produït des de 1938 per l'empresa noruega Luxo. Una llum orientable que es fixa a la taula de treball. El disseny original permet una ventilació de la pantalla perfecta i a més incorpora un vidre intern anticalòric que permet tocar la pantalla sense cremar-se, a fi de poder dirigir la llum cap al punt desitjat. Les còpies, no obstant, només eren un feble reflex de l'original. Es basaven en l'aparença formal i obviaven aquestes característiques tècniques, originant que, quan l'usuari tocava la pantalla per a modificar la direcció de la llum, es cremara irremeiablement.

A finals de 1972 van començar les primeres col·laboracions amb Lámsar. Albors recorda que en aquell primer any de rodatge «es van fer unes coses bastant espantoses: grans, desproporcionades... Es va presentar a la Fira i casualment hi va tenir molt d'èxit perquè no hi havia res de res. Els llums eren caríssims, costosíssims de realització, però eixim amb això i d'ací vam aprendre molt» (Albors 2000). En canvi, el segon any amb Lámsar va fer llums que van estar en catàleg durant molt de temps, com Tubos o Doddo.

Progressivament, es va anar creant una estructura dins de l'empresa que el va permetre introduir-se en el mercat espanyol i guantar-se un lloc entre els seus competidors –en aquells moments les empreses Tramo i Carpyen. La col·laboració amb Lámsar permetia una major seguretat econòmica per a Caps i Mans. Per a potenciar aquestes expectatives de creixement, es va proposar que Jorge Luna es traslladara d'Alacant a València per a actuar com a director de l'equip –encarregat de les tasques organitzatives–, i al mateix temps, que exercira el lloc de director d'empresa dins de Lámsar. Luna va acceptar.

La trajectòria de Caps i Mans i Lámsar semblaven indissolublement unides. Les labors d'Albors en Lámsar es van ampliar progressivament des del disseny dels productes fins a incloure el disseny d'embalatges, estands de fira i arquitectura interior de les oficines. Durant aquells anys d'aprenentatge, Albors va visitar tots els proveïdors de Lámsar i va aprendre els sistemes associats a la fabricació de llums.

La incorporació de Carlos Albert i José Juan Belda

L'organització de l'estudi quedava coberta per J. Luna, però en l'aspecte creatiu, Albors treballava en solitari. Es va contemplar la possibilitat d'ampliar el grup. María Alcaina, esposa de Jorge Luna, va conèixer casualment a la Fira de València –on estaven muntant l'estand de Lámsar– un dissenyador, José Juan Belda, que treballava a l'empresa de mobles Mocholí. En aqueix moment, ell intentava deixar Mocholí per a crear un grup de disseny amb Carlos Albert. Belda i Albors de seguida van coincidir en molts aspectes. Van considerar la idea d'ampliar el grup i que Belda s'integrara en Caps i Mans. Belda i Albert van acceptar i Caps i Mans va passar a comptar amb quatre membres. Per a abordar aquesta nova fase es van mudar a l'estudi que Albert i Belda tenien a València.

Cada un va aportar els seus clients anteriors i els treballs es feien en grup. Poc després, Jorge Luna va optar per deixar del grup i entrar a l'agència de publicitat Troppo. Els tres membres restants van continuar durant un temps, fins que Carlos Albert va decidir eixir del grup i treballar en solitari. Aquesta decisió es va veure acompanyada de la recerca d'un estudi nou. Fora de València, van trobar una casa a la urbanització del Vedat, a Torrent. Una casa antiga, enmig de la muntanya, entre pins, que els va semblar idònia des del primer moment. Al desembre de 1976 van llogar la casa.

. Aquesta va ser una decisió important a diferents nivells, perquè només llavors Albors i Belda es van independitzar, van instal·lar el seu habitatge a l'estudi i van abandonar la casa familiar. Aquest aspecte els proporcionava una gran flexibilitat per a combinar el treball amb el dia a dia. L'horari de treball també es va flexibilitzar, adaptant-se a les circumstàncies de cada encàrrec i als seus «moments d'inspiració». Van treballar pràcticament junts: compartint despeses, fent alguns treballs al mateix temps (interiorisme, disseny industrial, disseny gràfic)... No obstant això, la dinàmica de treball en grup es combinava amb l'atenció individual a alguns clients.

Disseny de mobiliari. Manufacturas Celda

La producció d'Albors es diversificava, afegint altres sectors industrials a la il·luminació. L'empresa Manufacturas Celda treballava principalment el moble auxiliar, preferiblement amb algun component en metacrilat, un material plàstic que traslladava la transparència del vidre als objectes d'ús quotidià. A més, aportava avantatges pràctics com ara la resistència i la lleugeresa del plàstic, juntament amb la possibilitat de corbar-lo i pintar-lo fàcilment.

Manufactures Celda era el proveïdor de metacrilat de Lámsar. Així va ser com Albors va entrar en contacte amb ells i, a partir de 1977, va passar a dissenyar també per a aquesta companyia. Entre altres productes destaquen: un penjador, un carro auxiliar i un calendari perpetu. El penjador/paraigüer està compost per un pal de fusta de pi i dues planxes de metacrilat encreuades en la part superior. Les planxes tenen un perfil ondulat que genera uns ixents per a penjar la roba. Al seu torn, el paraigua es penjaven en uns calats verticals practicats a la mateixes peces de metacrilat. El conjunt, amb el pal de fusta i les planxes de perfil irregular, recorda un arbre. Per a reforçar aquesta idea es van gravar dues pomes en la part superior. Aquestes operacions de perfilat, calat, tintat i gravat, haurien sigut més costoses en una planxa de vidre. A més, el resultat hauria sigut més pesant i més fràgil que en metacrilat.

La tipologia de carret de televisor era molt freqüent durant aquella dècada, aquest model combina, com en el cas anterior, una estructura de fusta amb uns sobres de metacrilat. El televisor es col·loca en el sobre superior per a traslladar-lo amb facilitat. Té un esquema molt habitual: als estants inferiors es poden col·locar revistes i a l'estant intermedi hi ha un espai que permet col·locar elements alts (com ara botelles) a l'estant inferior.

El calendari perpetu consisteix en un bloc de fusta de perfil triangular. En el frontal figuren les xifres de l'1 al 31 en la part superior i els dies de la setmana al part inferior. Uns marcadors de metacrilat llisquen al llarg d'unes guies practicades en la fusta. L'usuari pot assenyalar el dia del mes i la setmana, siguen els que siguen. Si els calendaris anuals s'han de renovar cada any, en canvi aquest s'adapta perfectament al pas del temps.

Els mobles de metacrilat van ser molt populars durant la dècada dels anys setanta. És un material que roman lligat a aquesta dècada, de la mateixa manera que la fosa d'alumini ho va estar durant la segona meitat dels vuitanta. Si en aquells moments proporcionava un aspecte actual, també datava tot el que tocava. Com a conseqüència, els mobles de metacrilat van passar de moda a mesura que el material es va «sobreutilitzar». A pesar d'això, en aquells anys on predominava el moble «clàssic», la transparència del metacrilat oferia una enlluernadora modernitat als interiors. Tant els dissenyadors, com els usuaris, van caure rendits als seus peus.

L'Institut de Promoció Industrial (IPI) (1976-1983)

En 1975, la Cambra de Comerç, Indústria i Navegació –la mateixa que anys arrere havia promogut la creació de la Fira de Mostres– va organitzar un cicle de conferències denominat «Jornades de disseny industrial». L'encarregat va ser el dissenyador Xavier Bordils, que en aquells moments tornava de França després d'haver treballat en aquell país durant uns anys. Entre els ponents es trobaven figures internacionals com ara el dissenyador de la imatge corporativa de British Airways i un col·laborador de Terence Conran, impulsor de les botigues Hábitat. Aquestes jornades van reunir els interessats en el disseny a la regió. Creadors i productors van tenir una de les escasses oportunitats de reflexionar sobre la seua professió. Els membres de Caps i Mans també hi van estar presents.

Dins de la Cambra de Comerç, Indústria i Navegació hi havia l'Institut de Promoció Industrial (IPI), fundat en 1971, que tenia com a finalitat facilitar i promoure l'arribada d'indústries a València. En 1976, l'IPI va celebrar el que va ser el seu major èxit, la inauguració de la planta de Ford a Almussafes. Un projecte que s'havia estat preparant els anys anteriors i que finalment es va convertir en realitat. A la inauguració va assistir el rei, Henry Ford i tot el consell d'administració de la multinacional. L'IPI també contemplava la promoció del disseny industrial i, per a això, va crear aquell mateix any el Departament de Disseny Industrial, dirigit per José María del Rivero. Un any després, a finals de 1977, va eixir el primer número del seu butlletí informatiu, la revista Disseny comunicació, que va dotar el disseny d'una certa cohesió i visibilitat a la regió. La publicació tenia una periodicitat bimestral i Xavier Bordils es va encarregar de coordinar els continguts, escriure les editorials i un gran nombre d'articles.

Disseny comunicació mantenia informats els seus lectors de les principals activitats al voltant del disseny que tenien lloc en l'estranger. Així, en 1979 va dedicar un número íntegre a l'XI Congrés de l'ICSID a Mèxic D.F. Alguns dels ponents van ser Jean Baudrillard, Tomás Maldonado o Ettore Sottsass. Xavier Bordils hi va acudir en qualitat de representant de l'IPI i es va encarregar de redactar els articles del número especial. Albors i Belda també van assistir al congrés, com a públic.

Aquesta publicació promovia la figura del dissenyador dins del context concret de la Comunitat Valenciana. Una de les característiques específiques de la regió era el seu teixit industrial, compost principalment per empreses de mitjana i petita grandària. Generalment, aquestes empreses tendeixen a oferir una mínima especialització de les tasques. Com hem vist, les funcions no estan exercides per especialistes sinó que les necessitats es van cobrint per la plantilla de treballadors. Després d'un període de total absència dins del panorama empresarial, s'estava definint la labor que el dissenyador havia d'exercir. Des de Disseny comunicació es defensava el concepte de «disseny global» com l'estratègia per a anar creant aqueix lloc. Aquest concepte presentava el dissenyador com supervisor de qualsevol aspecte relacionat amb el producte i la imatge de l'empresa. Havia d'actuar dins dels camps de grafisme-senyalització, arquitectura (oficines i estands), investigació de productes-envasos i el de promoció. El dissenyador havia d'ultrapassar el seu paper per a abastar camps que, avui en dia, semblen competència d'altres departaments. D'aquesta manera, s'intentava crear un espai per al dissenyador dins de l'empresa i deixar constància de com de fructífera podia ser la relació dissenyador-empresa.

Un bon exemple d'aquest concepte de disseny global era la relació que ja unia Albors amb Lámsar, la qual estava oferint molt bons resultats. Precisament en 1979 Lámsar va començar a assistir a la fira d'Hannover (Alemanya), on es va produir el seu boom de cara a Europa. A partir de llavors, va entrar en contacte amb diferents punts de venda a Bèlgica, Àustria, Regne Unit, Estats Units..., fins a formar-se una gran xarxa de distribució.

A través de l'IPI es van organitzar altres activitats. En 1978 i 1979 es van celebrar, respectivament, la primera i la segona Mostra de Disseny Industrial del País Valencià, coincidint amb la Fira Mostrari Internacional de València. En 1980, la tercera Mostra del Disseny Industrial del País Valencià es va passar a denominar Expo-Diseño 80 i va mantenir aquest nom fins a la seua última edició.

Aquestes exposicions recollien el més destacat del disseny que es produïa a la regió. Un jurat de qualificació –compost per dissenyadors industrials, arquitectes i crítics d'art– seleccionava les peces. El seu doble objectiu consistia a «donar a conèixer al públic, empresaris i professionals qui és qui dins del disseny industrial valencià» i, d'altra banda, «estimular l'atenció pel disseny industrial en el nostre país» (Disseny comunicació 1978: núm.2). Els criteris de selecció eren «l'adequació del producte o de l'empresa, funcionalitat, servei i entreteniment, materials, fabricació, novetat» (Ibid 1978). En aquestes mostres no es donaven premis, sinó que se seleccionava certes empreses els productes de les quals destacaven per la qualitat dels seus dissenys. S'intentava així premiar les actuacions d'un «nou empresariat». Lámsar va figurar entre les 20 empreses seleccionades en 1978.

A banda de la qualitat dels productes, es promovia la creació d'una certa identitat regional. Com ja havia ocorregut amb altres regions, al març de 1978 es va publicar el decret llei que instaurava la preautonomia del País Valencià. Des d'aquestes mostres es reflexionava, d'una banda, sobre el que era la regió i, d'una altra, sobre el que volia ser en el futur. El disseny dels productes propis s'entenia com la projecció d'una nova identitat regional. En aquest sentit, Xavier Bordils afirmava que l'objectiu d'aquestes mostres era «aconseguir que els productes industrialitzats del País Valencià arribaren a ser tan genuïns i amb tanta imatge per a la nostra terra com la taronja, contribuïm tots a inventar la "taronja mecànica"» (Disseny comunicació 1978: núm.3). De fet, el cartell de la primera Mostra mostrava diverses taronges tractades amb diferents llenguatges gràfics des de la il·lustració naturalista, passant pel pictograma fins a arribar al seu tractament pop, amb trames a l'estil Lichtenstein. La taronja era el producte estrella de la producció agrícola valenciana que s'havia convertit en el seu signe d'identitat, per a bé i per a mal. De fet, davall aquestes polítiques de promoció del disseny subjau un cert interès per evidenciar una nova etapa de la regió, més basada en el seu creixent teixit industrial que en el seu tradicional passat agrícola. En aquest sentit, la «taronja mecànica» a què es refereix Bordils tenia més de mecànica que de taronja. Els dissenyadors mostraven cada vegada més interès per crear productes tan allunyats com fóra possible dels tòpics regionals. En canvi, el disseny industrial valencià vehiculava una nova identitat regional que estava, cada vegada més, basada en la seua capacitat de posicionar-se, a peu d'igualtat, en mercats internacionals i, cada vegada menys, a repetir estereotips que recordaren la seua base agrícola. En aquest sentit, Eduardo Albors va escriure un article en Disseny comunicació en què analitzava la situació del disseny a les empreses valencianes. En aquest article declarava que les poques empreses que aplicaven disseny industrial veien com, a pesar de la crisi econòmica, els seus productes es consolidaven en el mercat nacional i s'obrien a nous mercats internacionals «ja que els seus productes estan a l'altura dels produïts per països amb una tecnologia molt més avançada que la nostra» (Albors 1979). Aquest article va ser escrit amb coneixement de causa, poc després de l'èxit de Lámsar a la fira d'Hannover, citat anteriorment.

Nou Disseny Valencià

La professió començava a prendre certa entitat i va haver-hi interès a crear un nucli valencià de dissenyadors. Abans que res, se cercava una forma de protegir la professió i de generar un contacte permanent entre els professionals. Enrique Quiles, delegat de l'agència de mitjans Publicitas, es va encarregar d'organitzar les primeres reunions de Nou Disseny Valencià. El seu treball consistia a posar en contacte publicacions amb agències de publicitat, la qual cosa el permetia conèixer molts dels professionals del sector que treballaven a València. Aquestes reunions van suposar un intent de reunir-los per a parlar de disseny i intercanviar experiències. Entre els assistents figuraven Vicent Martínez, Pepe Gimeno, Daniel Nebot, Quique Landete, Carlos Errando, Lola Castelló... En aquells moments associar-se estava prohibit, així que les reunions es duien a terme d'amagat, accedint al lloc en grups de no més de tres persones i amb molta precaució.

En aquestes reunions es discutia sobre la situació del disseny o s'intercanviaven coneixements tècnics que cada un aportava segons la seua especialitat. Va arribar un moment en què van voler establir-se com a associació, però no se'ls va concedir el permís.

Per a superar aquesta dificultat, van intentar formar part de l'Agrupació de Disseny Industrial del Foment de les Arts Decoratives (ADI FAD), però els van denegar l'accés. Poc després, es van dissoldre encara que aquestes reunions van tenir certa divulgació i, avui en dia, es consideren un antecedent del que posteriorment, en 1985, seria l'Associació de Dissenyadors Professionals de València (ADPV).

La incorporació dels germans Lavernia

En 1979, José Juan Belda treballava temporalment a Madrid i, encara que no va deixar el grup, això suposava que Eduardo Albors treballava pràcticament en solitari. Va sorgir la idea de fer créixer el grup. A través de Nou Disseny Valencià van entrar en contacte amb Nacho Lavernia, qui llavors treballava amb Luis Lavernia, el seu germà. Tenien una botiga de jocs i un estudi de disseny gràfic, Tres y Dos. Es va plantejar la possibilitat de crear un grup més gran amb: Nacho Lavernia, Luis Lavernia, Xavier Bordils i portar de nou José Juan Belda.

Així es va fer, la nova formació va mantenir el nom de Caps i Mans i l'estudi de Tres y Dos, al carrer Ciril Amorós cantonada amb Lluís Pizcueta. Xavier Bordils va començar a treballar en el grup encara que va durar poc de temps. La seua visió del disseny el distanciava de la resta. En aquells moments, van començar a treballar verdaderament en equip i van reforçar la seua estructura. Per a això, van recórrer novament a Jorge Luna perquè col·laborara com a assessor quant a organització i imatge. María Alcaina hi va entrar com a relacions públiques. Durant aquest període Caps i Mans va continuar diversificant els seus camps de treball. Entre els seus clients es trobava l'empresa Feber (joguets), ABC (elèctrica) i Punto Rojo (electromecànica). Va ser una etapa en què Caps i Mans va donar un gir important. Van organitzar exposicions –com la celebrada a la sala d'exposicions de la Cambra Oficial de Comerç, Indústria i Navegació d'Alacant en 1981– i van reforçar la seua visió sobre el disseny, que van plasmar en diversos articles publicats dins Disseny comunicació (Caps i Mans 1981a, 1981b, 1981c). No obstant això, treballar en equip funcionava només relativament. Els quatre components compartien tots els projectes i «sorgien les típiques discussions entre creatius» (Albors 2000). En fondre's tots en el desenvolupament d'un mateix projecte es produïen els inevitables conflictes de competències, que, però, es podien haver evitat amb un repartiment de funcions. Després d'un temps, quan l'equip ja s'havia consolidat, Luna el va deixar. A més del seu treball creatiu, van portar a cap una labor de formació de nous dissenyadors en acollir estudiants en pràctiques. Per aquest grup van passar futurs dissenyadors importants com Manuel Bañó, Sandra Figuerola, Marisa Gallén, Luis González o Carlos Tíscar.

Capítol II: Entre São Paulo i València (1982-1989)

El 1982, Lámsar, el client més important d'Albors, va aturar la producció a causa de problemes de salut del propietari. Encara així, l'empresa va aprofitar la xarxa comercial de què disposava per a distribuir a Espanya els productes d'iGuzzini, una multinacional italiana d'il·luminació.

En aquell moment, Albors ja portava 10 anys treballant i es va plantejar la possibilitat de fer activitats alternatives. Va començar a pintar, a fer exposicions, a treballar mitja jornada amb Caps i Mans i mitja jornada a casa per a alternar les dues coses. Llavors es va plantejar un viatge a les illes Fiji, als antípodes. La idea era canviar de vida, prendre un any sabàtic... o tota la vida sabàtica. Un viatge tan decisiu necessitava una acurada preparació. Va anar agafant informació de tota mena, sobre les illes, sobre les tribus, les possibilitats de viure amb alguna tribu... Quan ja tenia pràcticament tot preparat per a partir, Albors va comunicar als seus companys d'estudi que deixava el grup. A pesar d'això, durant els preparatius va continuar col·laborant amb ells.

Un dia, quan Albors es disposava a eixir de casa, va sonar el telèfon. Era Adolfo Ronda, un fabricant d'il·luminació brasiler. Tenia una empresa a São Paulo i venia recomanat per Benjamín García –propietari de Lámsar–, sabia que Albors havia deixat Lámsar i estava interessat que Albors anara a treballar amb ell. Albors ho recorda així: «Em va agafar un poc de sorpresa perquè, a banda, ell estava a l'aeroport a punt d'agafar un avió. Jo no sabia de què anava, l'havia vist una vegada a Hannover, a Alemanya,... però li vaig dir que en principi bé, que m'escriguera una carta i em contara el que pretenia. Així vam quedar, que m'escriuria... i em va escriure» (Albors 2000).

Adolfo Ronda va resultar ser un valencià que prèviament s'havia establert a Argentina però que vivia a Brasil des de feia 20 anys. Ell volia que Albors es traslladara a Brasil i que li fera una col·lecció. Ronda havia importat durant anys llums de Lámsar i els havia distribuït a Brasil. Les possibilitats de fabricació eren difícils però llavors es va considerar la viabilitat d'una línia de producció pròpia. Cap a finals d'octubre, Albors va anar a Brasil per veure les instal·lacions: una empresa enorme, amb moltes possibilitats, amb molta infraestructura, amb 120 operaris, una show-room, un taller d'artesanat, una fàbrica de fusta, diverses botigues... Veient l'estructura, Albors li va plantejar abordar un treball molt més extens, un disseny global: crear una nova empresa, una fàbrica nova, una filosofia de producte diferent, la imatge gràfica nova, remodelar les botigues, senyalitzar la fàbrica... Va presentar un paquet d'actuacions per a cinc anys i el van aprovar.

Brasil. L'empresa d'il·luminació Ronda

Brasil estava vivint un canvi social. Les classes mitjanes progressistes, clients potencials del disseny, estaven experimentant un ascens, concretament a la regió meridional. En les eleccions legislatives de 1982 va guanyar el partit governamental en la major part del país però l'oposició, el Partido de Movilización Democrática, va vèncer en els grans estats industrialitzats del sud. Precisament on es troba la megalòpolis São Paulo-Santos-Guabara que comprèn només un 0,5% de l'extensió total del país però on resideix el 20% de la població total, en la seua immensa majoria urbana. La dictadura brasilera (1964-1974) va promoure una industrialització ràpida, conseqüència d'un flux de capitals exteriors sense precedents, una modernització de les estructures econòmiques i una elevació del nivell de vida de les classes mitjanes urbanes. Components que van afavorir «el miracle brasiler» que, per contra, va resultar tenir una curta durada. Precisament, la protesta de les classes populars i mitjanes va ser un dels factors de pressió que van facilitar l'enderrocament de la dictadura i la progressiva democratització del país. Després de la fi de la dictadura en 1974, Brasil va viure un procés de progressiva obertura sota la presidència dels generals Ernesto Geisel (1974-1979) i Joao B. Figuereido (1979-1985), que va coincidir amb la fi del «miracle» econòmic

A principis de la dècada dels vuitanta, Brasil va conèixer una gran activitat constructora a les grans ciutats; en canvi, la seua producció d'il·luminació contemporània estava basada en productes importats. Davant aqueix potencial de mercat interior, Ronda va decidir emprendre una transformació que omplira aqueix buit en el mercat nacional. Des de 1963, l'empresa havia produït bronzes artístics amb el seu nom anterior, Bronzearte, i a partir de 1979 va començar a incorporar productes de «línia moderna» en el seu catàleg. Només en 1983 va passar a la producció pròpia de llums de disseny contemporani. Inicialment, Albors va acudir durant un període de prova de sis mesos. Ronda tenia un equip de sis persones al gabinet de disseny: entre elles hi havia un físic nuclear, dos arquitectes, un dissenyador de packaging, un delineant, un altre dissenyador industrial... La labor d'Albors va consistir a organitzar l'equip, crear una marca nova, la filosofia d'aqueixa empresa i la nova gamma de productes.

En 1983 es va dur a terme la primera fase de la reestructuració de l'empresa. La influència més forta dels primers vuitanta venia directament del disseny italià. Alchimia i Memphis van aconseguir estendre el seu atac frontal al disseny funcionalista per tot Europa. Les màximes de «l'útil és bell» o «la forma segueix a la funció» van ser substituïdes per una celebració del valor simbòlic dels objectes. Formes geomètriques, colors primaris i textures van substituir l'ideari dels dissenyadors –basat en el servei a la indústria– per la creació d'uns productes que en primer lloc tractaven d'estimular la imaginació dels usuaris. Aquesta filosofia es va convertir en la peça central de Ronda. Albors va dissenyar la seua nova marca, basada en la bandera de Brasil. Els elements que la componen es van desmembrar per a evidenciar la seua naturalesa geomètrica. El que era una bandera es va convertir en un rectangle verd, un rombe groc i un cercle blau. Un perfecte exponent de disseny postmodern, per la seua geometria i els colors vius.

La primera col·lecció es va presentar a l'abril de 1984. En la col·lecció s'incloïen nous models –com Taué, Xina i UFO– amb models anteriorment dissenyats per a Lámsar –com la Colorín– i que es produïen sota llicència. En el fullet que van traure per a l'ocasió es podia llegir la declaració d'intencions de Ronda:

«Volem recuperar la càrrega simbòlica dels objectes i tornar-los el seu significat». Aquest fragment coincideix amb el text que Caps i Mans va presentar en l'esmentada exposició de la Cambra de Comerç d'Alacant en 1981. No obstant això, el text continuava matisant la seua tendència postmoderna que, en aquest cas, feien compatible amb certes idees pròpies del moviment modern. «No ens sentim inclinats ni cap a les sentències funcionalistes de la Bauhaus, de Loos o de Bonsiepe de "l'útil és bell", ni cap a la imaginativa ambigüitat de Sottsass, Mendini, Graves o Charles Moore –la no menys radical "el bell és útil"–, perquè ens agrada "el bell i l'útil" (Ronda 1984). Aquest text traduïa la realitat del disseny en països perifèrics dels centres neuràlgics del disseny –com Espanya o Brasil– on les idees modernes i postmodernes van arribar quasi al mateix temps. Aquesta primera línia va ser un gran èxit de vendes, les lluminàries que la componien van tornar a incloure's en el catàleg de Ronda any rere any.

Posteriorment van aparèixer nous models com el Halley i el fanal d'exteriors Basket. L'empresa comptava amb un show-room i amb una botiga a São Paulo que Albors va remodelar. Ronda va decidir obrir una nova botiga a la ciutat, en el número 1.966 del carrer Bela Cintra i que es va inaugurar en 1987. Albors la va dissenyar íntegrament amb l'arquitecta Cintia Ema Padovan. La seua intervenció va incloure l'edifici complet i el seu mobiliari interior. La façana principal era simètrica, composta per formes geomètriques que recreaven elements arquitectònics clàssics. Un ampli frontal envidriat estava flanquejat per dues columnes rematades per sengles pinacles. La façana culminava en un frontó triangular. La gran superfície envidriada actuava com un gran aparador per als productes exposats a l'interior. L'espai constava de planta baixa i un pis, amb una zona de doble altura al centre i una vitrina al sostre per on entrava la llum. Les columnes cilíndriques recorrien els dos nivells, dividides en cada altura per unes abraçadores de tub metàl·lic a manera de capitells. El mobiliari interior incloïa uns expositors desplaçables, pensats per a poder adaptar l'espai expositiu a mesura que s'incorporaven nous models. La façana posterior repetia l'estructura de la principal i donava eixida a un pati interior. El gris i el blau eren els colors predominants al costat de les superfícies de vidre transparent. S'hi havia posat molta cura en els detalls. Qualsevol element, fins i tot els tubs de desguàs estaven tractats com elements compositius de la façana. Per a la inauguració es va presentar un nou catàleg amb més influències «memphinianes», les formes geomètriques i els colors vius es complementaven amb els estampats «bacterians» que Sottsass va aplicar tant a les seues peces de mobiliari com als seus treballs gràfics.

Durant cinc anys, Albors va estar alternant les seues estades a Espanya i a Brasil; a vegades quatre mesos a l'any, altres vegades sis mesos a l'any; fins que l'empresa es va posar en marxa. Aqueix primer contracte va acabar en 1989 i, en aquell moment, Ronda ja tenia establida una dinàmica definida. En canvi, per a Albors, resultava cada vegada més difícil atendre els seus clients espanyols. Després dels primers cinc anys van optar per emprendre un altre tipus de relació, en el qual el centre d'operacions d'Albors va tornar a València.

Durant aqueix temps, havien ocorregut moltes coses a València que afectaven diversos fronts: l'autonomia de la regió, la reforma del teixit industrial i la infraestructura per a la professió de dissenyador. Per a començar, s'havia redactat un estatut d'autonomia per a la Comunitat Valenciana (juliol de 1982), El Partit Socialista Obrer Espanyol (PSOE) s'havia fet amb el govern de la Generalitat Valenciana i l'alcaldia de València després de les eleccions de maig de 1983. Per a la professió hi havia també novetats. L'Institut de la Petita i Mitjana Indústria Valenciana (IMPIVA) es va fundar en 1984 i en 1985 ho va fer l'Associació de Dissenyadors Professionals de València (ADPV). Respecte a Caps i Mans, havia crescut en nombre de membres de quatre a onze, havia canviat d'estudi i tenia un nou nom, La Nave.

Una nova infraestructura per al disseny a la Comunitat Valenciana

La segona meitat dels vuitanta va ser el moment en què es va crear una demanda i un suport per al desenvolupament del disseny amb què no s'havia comptat fins al moment. Es van crear infraestructures d'àmbit estatal que van donar lloc al fenomen que s'ha conegut com «el boom del disseny espanyol». Un dels estimulants més decisius va ser la Llei de reconversió i reindustrialització, promulgada en 1984. En desplegament d'aquesta, es va aprovar en 1985, a iniciativa del Ministeri d'Indústria i Energia, el «Plan de promoció de disseny i moda: intangibles tèxtils», la gestió del qual es va encarregar al Centre de Promoció de Disseny i Moda (CDM). A la vista dels bons resultats, el Ministeri d'Indústria i Energia va elaborar en 1988 un nou pla denominat «Pla de promoció de disseny, qualitat i moda per a la petita i mitjana indústria manufacturera», destinat a diversos sectors industrials: vestuari, pell, bijuteria, joieria, joguet, ceràmica i moble (Buesa i Molero 1996).

En l'àmbit regional, la nova demanda va arribar sovint d'institucions relacionades amb la Generalitat Valenciana. La combinació dels processos de descentralització del poder en favor dels organismes autonòmics i de preparatius de la integració d'Espanya en la CEE, va donar com a resultat una major entitat de les institucions autonòmiques. A partir de llavors, aquests organismes de govern van cuidar la seua imatge d'una manera ben conscient. Els governs autonòmics es van convertir en clients dels dissenyadors, els quals van actualitzar la imatge de les institucions, la dels polítics i van dotar d'una imatge diferenciada les grans ciutats. Durant aquests anys es va donar una sintonia desconeguda fins llavors entre organismes oficials, productors, dissenyadors i consumidors.

De totes les iniciatives preses per la Generalitat Valenciana, la més decisiva va ser la creació de l'Institut de la Mitjana i Petita Indústria Valenciana (IMPIVA) que va prendre el testimoni de l'IPI. L'IMPIVA va començar les seues activitats al setembre de 1984 en la seua primera seu situada a l'immoble número 6 de la llavors plaça del País Valencià (actualment plaça de l'Ajuntament). Aquest institut va actuar com un organisme autònom de caràcter econòmic i financer adscrit a la Conselleria d'Indústria, Comerç i Turisme. La labor de l'IMPIVA es va orientar al desenvolupament de la indústria valenciana a través de la promoció de la tecnologia i el disseny industrial, l'aspecte que més ens interessa. Així, va donar començament a una política de promoció del disseny equivalent a altres comunitats autònomes amb un important teixit industrial. Institucions d'aquest tipus eren el Barcelona Centre de Disseny (BCD) de Barcelona i el Diseinurako Zentrua (DZ) de Bilbao.

La labor de l'IMPIVA es va potenciar a través de la seua col·laboració amb altres organismes. En primer lloc, cal destacar la creació en 1985 de l'Associació de Dissenyadors Professionals de València (ADPV) –actualment, Associació de Dissenyadors de la Comunitat Valenciana (ADCV). En segon lloc, cal citar el bon moment que passava la Fira Internacional del Moble de València, la més veterana i important a Espanya en la seua especialitat, la primera edició de la qual datava de 1963. Les seues edicions van anar cobrant rellevància any rere any. En 1983, va organitzar el seu primer concurs nacional de disseny, on els participants havien de presentar una taula de despatx. Albors hi va participar en la categoria de professionals i es va portar el primer premi, ex aequo amb altres set participants.

L'IMPIVA, l'ADPV i la Fira del Moble van posar en marxa diverses accions conjuntes (publicacions, exposicions i ajudes) que no sols van fomentar la relació entre dissenyador i indústria sinó que van aconseguir que a València es parlara de disseny d'una manera anteriorment desconeguda. La figura del dissenyador va anar cobrant visibilitat gradualment fins a arribar a convertir-se en un «personatge urbà».

La fundació de La Nave

Coincidint amb la marxa a Brasil d'Eduardo Albors, la resta dels components de Caps i Mans van reforçar progressivament les seues relacions amb el grup Enebecé (Paco Bascuñán, Quique Company i Daniel Nebot). Després d'un viatge a Itàlia en 1983, van decidir fondre's i muntar un col·lectiu d'11 membres: La Nave. A més, es va proposar l'entrada d'altres components externs com Carlos Bento, Sandra Figuerola, Marisa Gallén i Luis González.

Necessitaven un gran espai i van trobar una antiga nau industrial, de la qual el grup va prendre el nom, situada en el número 200 del carrer de Sant Vicent Màrtir, al sud de la ciutat, a la zona de l'eixample d'extramurs. Prèviament, dins de Caps i Mans ja es va manejar la possibilitat de canviar l'estudi per un altre més gran, i precisament van estar mirant algunes naus industrials pròximes a aquesta. Una proposta que només es va fer realitat després, quan es va decidir muntar La Nave. El gran espai, d'uns 400 m^2, es va renovar durant 1984 per a convertir-ho en un estudi de disseny. Després de la seua remodelació encara va conservar l'aire industrial d'origen.

Des del principi, es va plantejar l'articulació del col·lectiu amb dissenyadors autònoms que compartien les despeses comunes. Cada un treballaria individualment, amb els seus propis clients, amb la possibilitat de participar junts en treballs de més envergadura. Aquesta forma d'agrupar-se els permetia tenir total llibertat quant als dies de vacances, horari de treball o rendiment personal. Cada dissenyador administrava la seua jornada de treball que no repercutiria en els altres membres, sempre que cada un aportara les contribucions mensuals que cobrien les despeses de l'estudi.

Les campanyes de promoció de l'IMPIVA van tenir un efecte directe en la trajectòria del grup. En 1985, van rebre una subvenció dins del programa «Ajudes al sector terciari avançat (empreses que aporten coneixement –know how– a altres empreses)» sota el concepte de «Creació d'una empresa dedicada al disseny industrial». Aquesta concessió es va basar en la peculiaritat de La Nave, dins del context valencià: «L'empresa, amb un projecte econòmicament viable, una estructura innovadora i una capacitat empresarial i professional provada, se situa en un camp d'activitat d'alt interès per a la indústria valenciana, que difícilment troba en l'actualitat l'oferta adequada, en quantitat i qualitat, de serveis de disseny i especialment de disseny industrial» (IMPIVA 1986: 87). Aquesta subvenció la rebrien posteriorment altres dissenyadors, –Xavier Bordils o Factoría de Diseño Industrial, entre altres. Les subvencions de l'IMPIVA també es concedien a productes concrets, a través de les empreses que contractaven els dissenyadors. Així va ocórrer aqueix mateix any amb un projecte d'Albors, una pistola de neteja per a tintoreria, produïda per l'empresa Jaso Ultrasonidos. Aquest encàrrec va rebre una subvenció de l'IMPIVA en 1985 dins de la categoria «Introducció del disseny en la indústria» que va cobrir aproximadament el 30% de la inversió inicial. Es va valorar positivament, d'una banda, que la pistola de neteja diversificava la gamma de productes de l'empresa i, d'una altra, que el disseny atenia al mateix temps «els problemes tècnics i als aspectes esteticoergonòmics de manera que result[a] un producte atractiu i de fàcil maneig» (IMPIVA 1986: 50).

Els treballs sempre van estar signats per membres concrets del grup, encara que es trobaven davall el paraigua comú de La Nave. La fórmula d'agrupació va permetre nombroses possibilitats a l'hora d'abordar un projecte: en solitari, en duo, en trio, amb col·laboradors externs... Aquesta capacitat va fer que es guanyaren el qualificatiu de «promiscu», com en el cas del reportatge que la revista Ardi els dedicava, anomenant-los «la banda de disseny més promiscu i feliç del país» (Ardi 1988). Albors va compaginar el treball a La Nave amb les seues llargues estades a Brasil. Quan estava a València, acudia a La Nave només a les vesprades perquè mantenia l'estudi del Vedat. Pràcticament el treball creatiu ho feia a les nits i a La Nave completava aspectes de realització, de col·laboració amb els altres, d'informació o de relacions.

Disseny de joguets

Albors havia treballat en el sector jogueter amb Toyse –que més tard absorbiria Famosa–, i amb Feber. Per a Famosa, va dissenyar en 1986 la línia Spay, on va intervenir, d'una banda, Paco Bascuñán en la marca, i d'una altra, Sandra Figuerola i Marisa Gallén en el vestuari. Una col·laboració que va aprofitar al màxim les possibilitats de col·laboració dins de La Nave. Spay venia d'una altra galàxia. En realitat, era una nina que podia transformar-se en moltes nines, perquè el xiquet podia decidir com seria. Podia canviar-li el color dels cabells, dels ulls, el nom... i fins i tot decidir si era un nino o una nina. Tots els complements tenien aspecte espacial, planetes, òrbites, coets, roba esportiva i grans muscleres.

L'èxit va ser tal que Albors va proposar a Famosa investigar en nous conceptes de joguets, seguint l'exemple de Spay. No sols donar forma a un encàrrec definit, sinó plantejar el concepte mateix del joguet. D'aquesta labor van sorgir els Robotics, unes peces componibles que oferien la possibilitat de muntar des de vehicles a xicotets robots. Constava d'unes caixes de plàstic amb diversos ancoratges on s'adaptaven els accessoris. Aquestes caixes tenien un sistema de corda que feia que alguns accessoris tingueren moviment. Les possibilitats combinatòries eren extensíssimes. Aquests vehicles anaven acompanyats d'uns personatges que els manipulaven i que permetien crear narratives al voltant dels joguets. Una altra proposta va ser un joc de persecució on els protagonistes eren els mateixos xiquets. Cada participant portava una pistola i un casc. La pistola «làser» desconnectava els leds d'un receptor que portava posat l'altre jugador, mitjançant un mecanisme semblant al del comandament a distància d'un televisor, amb un abast de 10 metres. El que primer desconnectava les sis llums del contrincant, guanyava el joc. Aquests dos projectes no es van dur a terme. L'èxit dels joguets està íntimament lligat a les seues possibilitats publicitàries. En el cas dels Robotics es necessitava una gran inversió per a donar difusió al producte, que en aquells moments no es va considerar viable. En el cas de la pistola làser, la publicitat destinada a xiquets prohibia qualsevol recreació de comportaments violents, sense aqueixa possibilitat, el producte no tenia expectatives de prosperar.

El producte que sí que va tenir una bona fortuna comercial van ser uns tricicles elèctrics de mida real realitzats per rotoemmotllament. Aquest procés de fabricació era nou i permetia obtenir grans formes en plàstic. El procés requereix una enorme màquina de 6 metres de diàmetre, de les quals només hi havia dues a Espanya en aquells moments, i Famosa disposava de les màquines. Per a cada peça es realitzava un motle i dins del motle es dipositava el plàstic en pols. El motle s'inseria en la gran màquina, que el feia girar i escalfar-se al mateix temps, de manera que el polímer en pols es plastificava i s'adheria a les parets, donant com a resultat una forma buida. Després d'una fase de refredament la peça es treia del motle i ja estava preparada. El rotoemmotllament permet realitzar grans peces de plàstic amb un gruix constant d'uns 5 mm i d'una sola peça –molt resistents i molt lleugeres al mateix temps. Mitjançant aquest procés s'evitaven les grans peces compostes per la unió d'altres més xicotetes que, com a resultat, produeixen una estructura més feble.

Les inquietuds creatives

Molts membres de La Nave practicaven alguna activitat relacionada amb les arts plàstiques. Alguns més vinculats a la pintura, altres a l'escultura o al vídeo. Lluny de distanciar-los d'altres dissenyadors espanyols, trobem que en són molts els que es dediquen a altres disciplines com la fotografia, l'escriptura o les arts plàstiques. Aquesta característica, en canvi, els diferencia de professionals d'altres països, com apunta Emma Dent Coad:

> «El que sempre m'ha fascinat, com a crítica del disseny, és que la divisió del treball, definida a Anglaterra amb tanta nitidesa, a Espanya no està tan clara. Un dissenyador gràfic –América Sánchez, per exemple– també pot ser un fotògraf reconegut i fer exposicions que inspiren columnes i més columnes d'anàlisi. Arquitectes com Óscar Tusquets (...) dissenyen jocs de te i escriuen llibres sobre la retòrica del disseny. Mariscal, a vegades desvergonyidament comercial, s'anomena artista a si mateix i exposa quadres, i es nega, al mateix temps, a prendre's seriosament. Es gaudeix moltíssim intel·lectualitzant (excepte Mariscal). Hi ha una deliciosa falta d'esnobisme cap a les obres comercials (...) No se m'acut cap paral·lelisme anglès amb el treball que Miró va fer per a l'oficina de turisme espanyola» (MNCARS 2000: 216).

Aquesta peculiaritat se sol atribuir a la formació multidisciplinària dels dissenyadors d'aquest període. Privats, en la seua majoria, d'una formació especialitzada en disseny, van adquirir coneixements i tècniques d'altres camps creatius que van continuar conreant. Sobre aquest punt són il·lustratives les paraules de Pepe Gimeno: «Potser la condició d'autodidacte, d'haver d'anar descobrint-ho tot un mateix, va ser la causa del meu interès per experimentar amb tota mena de tècnica expressiva, des de la talla en fusta o el gravat, a l'aquarel·la, el plomí o la fotografia» (IVAM 1994: 75).

Dins de La Nave, Eduardo Albors, Paco Bascuñán, José Juan Belda, Quique Company, Sandra Figuerola, o Daniel Nebot, tots exercien alguna activitat artística, amb una dedicació que variava des del professional a l'afició. Eduardo Albors es dedicava a la pintura amb esprai. La seua figuració és detallada, pròxima al còmic i a la il·lustració. Als elements figuratius s'afegien elements geomètrics, com línies o punts, que completaven la composició. Molts dels seus quadres són retrats dels seus amics, com Luis y Alicia, Nacho, Carlos o Amèlia. En canvi, en altres composicions els motius es tornen més geomètrics –Conversación en la barra o Conversación en la terraza– i fins i tot arriben a identificar-se amb l'estructura de la composició com en Los músicos. L'esprai era un mitjà nou. A base de plantilles es podien crear zones molt delimitades de color compacte o de degradats que donaven a les pintures un aspecte entre portada de disc, il·lustració per a cartell o grafit del carrer. Un acostament a la pintura heterodox i, sobretot, molt actual. En 1981, la seua obra es va exposar a la galeria Dels Artistes d'Altea. Durant la seua estada a Brasil, Albors va contactar amb un grup de gent de feia grafits de São Paulo. La seua activitat era molt diferent del grafit americà, on el nom de l'autor de la pintada suposava el motiu central. En canvi, a São Paulo predominava un altre tipus de grafit, obtingut a través de plantilles, que combinaven il·lustració i missatges escrits. Albors va reconèixer paral·lelisme amb la seua pròpia activitat pictòrica i es va sentir immediatament atret per aquesta activitat.

Paral·lelament a la pintura, Albors va explorar també la fotografia creativa. Aquesta capacitat l'ha aprofitada en les seues actuacions de disseny global, on ha exercit les labors de director artístic de les imatges i, en alguns casos, també de fotògraf. Les fotografies dels productes són un factor determinant no sols per a la imatge del producte, sinó també de la mateixa empresa. Controlar aquest aspecte, li ha permès decidir fins a l'últim detall l'atmosfera idònia per a potenciar les qualitats del producte i aconseguir així un tot coherent. La forma com aquest es presenta al client és determinant per a concretar els missatges que envolten el producte en si.

La curiositat inesgotable d'Albors el va portar fins i tot a compondre música electrònica a principis dels noranta. Durant un temps, s'ho va prendre molt seriosament fins que es va adonar de la dedicació integral que requeria i va decidir reservar-la per a un altre moment.

«Esto no es una silla» (1987)

L'exposició «Esto no es una silla» va ser organitzada per l'ADPV en col·laboració amb l'IMPIVA a finals de 1987. Dels 31 participants, 9 eren membres de La Nave –8 membres fundadors i un col·laborador del grup, José Vicente Paredes. L'exposició va tenir lloc a la sala Espai d'Art Contemporani de la Casa Museu Benlliure des del 17 al 30 de novembre, i es va exposar l'any següent a Madrid i a Barcelona.

Per a aquesta exposició es va invitar a participar tots els socis de l'ADPV, alguns artistes plàstics, dissenyadors de moda i fins i tot artistes fallers. Es tractava d'un exercici d'intervenció sobre una cadira. Millor dit, sobre la carcassa, sense acabat superficial i sense entapissar, d'«una cadira model Lluís xv, en interpretació sui generis del fabricant». La seua controvertida naturalesa va ser descrita així: «una forma artesanal que es produeix amb mitjans i processos industrials; mescla i degeneració d'estils fora de context que ja no copia l'original, sinó si mateixa; una fallida pretensió de peça clàssica, noble, que competeix en mercats de preu mínim» (ADCV 1988). El material de base era representatiu de la línia de moble «clàssic», que les empreses de moble valencianes produïen majoritàriament. Justament la línia més tradicional, majoritària i oposada al producte dissenyat des d'uns paràmetres contemporanis que s'intentava impulsar des de l'ADPV i l'IMPIVA.

exposició és decididament representativa del moment que estava passant el disseny valencià durant els vuitanta. En els anys setanta la labor del dissenyador es va posar al servei de la indústria, no obstant en els vuitanta es va iniciar una reflexió que situava el disseny com a part integrant del capital cultural d'una regió. El dissenyador entrava en diàleg amb artistes plàstics o dissenyadors de moda, com es podia veure en aquesta exposició. En «Esto no es una silla» es reflexionava sobre els límits del disseny en relació amb altres disciplines limítrofes. Una exposició que no hauria pogut tenir lloc en la dècada anterior. Almenys, no a la Comunitat Valenciana. No obstant això, es poden trobar paral·lelismes amb les primeres manifestacions del grup italià Alchimia, sobretot en la seua proposta «Redesigning the Modern Movement». En 1978, van intervenir sobre les cadires-fetitxe del Moviment Modern, com la Wassily de Marcel Breuer o la Zig-zag de Gerrit Rietveld. Els dissenyadors italians carregaven de front amb les idees sobre «bon gust» associades a la modernitat i aclarien el camí a la ironia, la decoració i el color que portava amb si el disseny postmodern. En canvi, els dissenyadors valencians, a diferència dels seus col·legues italians, ni tan sols tenien el disseny modern com a discurs dominant contra el qual manifestar-se. En el seu cas l'enemic era el mobiliari «d'estil».

Cada dissenyador va fer la seua pròpia interpretació de la cadira, uns d'una manera més destructiva i altres van aconseguir trobar certes possibilitats plàstiques. Els objectes exposats podien tenir la denominació de cadires però no servien per a seure, ni s'anaven a comercialitzar i l'activitat que els participants van desenvolupar era un exercici més prompte lligat al treball dels artistes plàstics que al dels dissenyadors. Per contra, el material de base era un producte d'ús quotidià, una cadira. Els objectes resultants van recollir aquesta mescla d'orientacions i es van presentar com exercicis a mitjan camí entre l'obra d'art i la cadira, sense ser ni l'una ni l'altra.

La intervenció d'Eduardo Albors «Damisel·la lluminosa», va presentar la cadira quasi completament coberta per una tela blanca. Sota la tela aguaitava una de les potes davanteres a manera de cama seductora. Com no podia ser d'una altra manera, Albors va incorporar la llum com a element plàstic dins de la seua proposta. La no-cadira cobrava sentit a fosques, llavors els leds, que es distribuïen davall la tela, s'encenien i aquella mateixa actuava com a font de llum.

La fi de La Nave

Una de les primeres intencions en formar La Nave va ser abordar projectes experimentals. Projectes de curta tirada o peces úniques que materialitzaren idees sobre el disseny i serviren de vàlvula d'escapament per als dissenyadors, condicionats contínuament per les exigències dels empresaris. Objectes orientats a la reflexió, que reservaven els requisits funcionals en un segon pla. Durant els anys vuitanta, molts estudis van explorar aquesta possibilitat (ex. Transatlàntic, Ron Arad) i els seus resultats van ser ràpidament publicats en les revistes especialitzades. Per a això, es va reservar l'entrada de l'estudi de La Nave, un espai d'uns 100 m^2. A pesar d'això, les primeres intencions experimentals de La Nave van haver d'atenuar-se a causa de les necessitats pragmàtiques del dia a dia. Si alguns membres estaven disposats i disposaven de temps, en canvi altres necessitaven enfocar totes les seues energies a aconseguir nous clients i acabar els projectes. Aquest espai «per a les mogudes» es va utilitzar en comptades ocasions per a la presentació de treballs convencionals.

Per a Albors, aqueixa falta d'inquietud experimental va anar minant el seu interès en l'experiència col·lectiva. A açò, es van sumar els seus continus desplaçaments entre São Paulo, València i Altea, que el convertien en un dels membres que menys apareixia per l'estudi. Ell compartia les despeses, però realment la seua utilització de La Nave era mínima. Mantenir l'estudi va deixar de ser rendible. Aquestes despeses suposaven un cost afegit que no era equitatiu amb el profit que en treia.

La Nave va aconseguir interessar revistes de tot el món i va multiplicar la seua projecció internacional durant els anys 1988 i 1989. Paradoxalment va ser just en aqueix període quan es van donar les primeres baixes. Eduardo Albors se'n va anar primer. Poc després ho va fer Lorenzo Company i en 1990 Carlos Bento, Luis Lavernia i Nacho Lavernia. En 1991 la formació es va dissoldre definitivament en el punt de major èxit internacional.

Trumbo: la il·luminació tècnica

Albors mai va perdre el contacte amb el seu antic client Lámsar, que en 1988 va tornar a distribuir producció pròpia, després d'abandonar la distribució d'iGuzzini. Així, es va crear l'empresa Trumbo, dedicada als sistemes tècnics d'il·luminació. El primer encàrrec per a Albors va ser el focus tècnic Quasar. El projecte consistia en un focus que permetera provar distintes bombetes, per mitjà de peces intercanviables. Un recurs molt útil en escenografia, aparadorisme o sales d'art. L'objectiu era aconseguir la llum adequada en cada cas, sense haver-hi de canviar la instal·lació. En un focus habitual, el màxim que es pot canviar és la bombeta i, en tot cas, només si el tipus de rosca –o de connexió– és la mateixa. Amb Quasar es podia adaptar qualsevol tipus de qualitat de llum a la instal·lació, només adaptant la peça adequada. L'objectiu era cobrir tots els camps dins de la il·luminació tècnica per a instal·lacions. El projector constava d'una part central fixa a la qual es podien adaptar, en lapart davantera, fins a 16 tipus diferents de bombetes: des de les xicotetes halògenes passant per incandescents, fluorescents compactes fins a les més grans, com halogenurs metàl·lics o de vapor de sodi. El major inconvenient era que algunes d'aquestes fonts de llum poden rebre el corrent elèctric directament (com les incandescents) i altres necessiten un transformador que convertisca el voltatge (com les halògenes). Per a això, la part posterior també era intercanviable, o s'adaptava un pont que transmetia el corrent elèctric directament o bé s'hi adaptava un transformador. Aquest complex projecte va acaparar quasi nou mesos de treball i va suposar el primer contacte del dissenyador amb la il·luminació tècnica. Un encàrrec molt exigent en el qual va posar en pràctica tota la seua experiència anterior. Després d'aquest encàrrec va treballar en una altra línia d'il·luminació per a exterior: balises, plafons per a exterior, fanals...

Capítol III. Treball en solitari (1989-2005)

Després d'abandonar La Nave, Albors es va instal·lar definitivament al seu estudi del Vedat. El que seria el tercer estudi de Caps i Mans i, ja des de llavors, també el seu habitatge. Mai va perdre el seu contacte amb La Nave, ja que solia anar a veure els seus companys de tant en tant.

L'empresa Zass

A finals dels vuitanta va sorgir a València una nova empresa d'il·luminació interessada en el disseny contemporani: Zass. Lámsar havia sigut la pionera i, mentre altres empreses d'aquest tipus no cessaven de sorgir a Catalunya –Metalarte, Carpyen, Blauet, Tramo, Marset–, València, en canvi, continuava produint majoritàriament llums «clàssics». Zass provenia de Peris-Andreu, un gran grup empresarial d'il·luminació que s'acabava de dissoldre. Els seus anteriors executius comercials van plantejar a Albors fer una empresa de disseny d'il·luminació partint de zero. Les possibilitats eren moltes, encara que la capacitat d'inversió era molt escassa. Albors va dur a terme un altre «disseny global» de l'empresa que va incloure la imatge gràfica, els catàlegs, els productes, l'arquitectura firal, l'embalatge i la supervisió de projectes desenvolupats per altres dissenyadors.

L'empresa va començar a funcionar bé. Va anar situant-se en el mercat, van aconseguir tenir els proveïdors adequats i un catàleg bastant complet. Albors va aconseguir relacionar el seu treball a València amb la seua col·laboració amb Ronda, que encara continuava. Les dues empreses van establir relacions per a intercanvi de motles, de manera que van fer possible que llums dissenyats per a Zass foren comercialitzats per Ronda i viceversa.

El pavelló de la Comunitat Valenciana a l'Exposició Universal de Sevilla (1992)

Amb motiu de l'Exposició Universal celebrada a Sevilla el 1992 es va organitzar una mostra de disseny dins del pavelló de la Comunitat Valenciana. La idea va sorgir del grup Gesto Design Management, que va proposar a la Gerència del pavelló la creació ex novo de tot el mobiliari i complements. El doble objectiu va ser, d'una banda, crear un recinte més nou en el seu conjunt i, d'una altra, projectar la realitat creativa i industrial valenciana. L'exposició es va titular «DOM», les sigles de «disseny d'objectes i mobiliari» i que a més vol dir «casa» en valencià antic. Es van seleccionar els dissenyadors i se'ls va assignar un producte que posteriorment seria produït per empreses de la Comunitat. L'única condició imposada als dissenyadors va ser que havien de tenir en compte la línia de l'empresa que produiria el disseny, a fi que cada peça es poguera integrar en el catàleg corresponent. D'aquesta manera, es van crear peces adequades a l'esdeveniment al mateix temps que s'estimulava les empreses a col·laborar amb dissenyadors externs al seu equip.

Es van produir 26 objectes que van ser produïts per altres tantes empreses i dissenyats per 31 creatius que ho van fer individualment, en parelles o en equips. Albors va presentar el llum de peu Ícaro, que va ser produït per Zass. El nom feia referència al mite mediterrani d'Ícar, qui podia volar gràcies a unes ales que portava enganxades a l'esquena amb cera. La seua curiositat el va portar a volar tan prop del Sol que la cera es va fondre, les seues ales es van desprendre i va caure al mar. El perfil del llum tenia forma d'ala, que unia les referències simbòliques amb les funcionals. D'una banda, feia referència a les ales del personatge mitològic i, d'una altra, oferia una forma perfecta per a allotjar la bombeta –que quedava oculta a la vista– i el reflector de la llum. Aquest reflector podia girar cap al sostre, el terra o la paret. Els peus de la lluminària estaven conificats en els 50 cm superiors, precisament l'altura del llum de sobretaula. Per al peu es va prolongar aquesta altura amb tubs no conificats, la qual cosa permetia aprofitar els mateixos tubs del model xicotet en el model gran sense haver d'invertir en noves peces.

Un text del catàleg de l'exposició Disseny Industrial a Espanya feia referència a les activitats dutes a terme amb motiu de l'Expo. El teòric del disseny Antonio Pérez Escolano feia referència al pavelló de la Comunitat Valenciana i destacava, entre altres, els mobles de José Vicente Paredes, la il·luminació d'Eduardo Albors i la cristalleria de Luis González (MNCARS 1998: 129).

Els llums-taula

En els models Trip i Balboa, produïts per Zass, trobem una nova tipologia de llums. Es tractava d'una evolució del peu de lectura cap a un objecte híbrid entre llum i taula auxiliar. Precisament, el repte d'aquests llums-taula és conformar un objecte unitari, a partir d'aquest objecte dual. En el model Trip (1990) el llum, amb pantalla de pergamí, s'inseria al mig d'una taula baixa de tres potes. Per a integrar els dos objectes es va recórrer a un enginyós recurs formal. En aquest cas, la inclinació de les potes coincidia amb la inclinació de la pantalla troncocònica de pergamí. Al seu torn, en el model Balboa (1990) la fluïdesa entre els dos elements s'aconseguia per la continuïtat entre l'única pota de la taula i el suport vertical de la lluminària. Aquest model té una altra particularitat, la llum halògena utilitzada desprenia molta calor, per la qual cosa una pantalla de pergamí no hauria resistit la calor i s'hauria cremat. Per això, l'estreta pantalla –necessària per a tamisar la llum– es va configurar en tefló, un material d'alta resistència a la calor. Aquests dos productes van tenir bon futur comercial, no obstant això, en aquells moments es va implantar la crisi de 1992-1993 i l'empresa no la va resistir. A açò es va sumar una mala gestió del director financer i poques ajudes d'organismes oficials. Com a resultat, Zass va haver de tancar.

Chueca, una empresa de mobiliari, va demanar a Albors una taula-llum. A diferència dels dos casos anteriors, ací la taula era susceptible de vendre's sense llum. Així va aparèixer Refila, una taula de tres petges amb una xicoteta lluminària en el sobre, que va formar part d'una col·lecció més extensa de moble auxiliar anomenada Forum. La col·lecció va ser presentada a la Fira del Moble de València en 1992, a pesar d'haver-se iniciat ja dos anys abans.

En aquesta col·lecció també es trobaven mobles de Jorge Pensi, José Juan Belda o Juan Montesa. En Refila, la forma de la taula està més treballada que en Trip o en Balboa. Els tres petges estan tornejats conformant un con que disminueix cap a l'extrem inferior per a després augmentar en la base. Sobre les tres potes recolza el sobre de la taula, el contorn del qual es remata en la part davantera amb una línia corba. Així, els cantons s'«arredoneixen» i es tornen, per tant, menys feridors. La línia corba es repeteix en el frontal del calaix. Aquest recurs formal harmonitza les línies del sobre i del calaix i, a més, té la seua justificació funcional: la corba genera un ixent que fa les funcions de tirador. Al seu torn, el llum se situa com a continuació vertical del petge posterior, com en el cas de Balboa. La coherència formal del conjunt s'aconsegueix mitjançant la pantalla cònica de pergamí, que repeteix l'estret perfil de les potes. Per a aconseguir aquesta correspondència, feia falta una pantalla igualment estreta, i per tant una bombeta molt menuda. Una bombeta halògena hauria fet la grandària adequada, però desprendria massa calor per a combinar-la amb una pantalla de pergamí. Si en el cas de Balboa es va substituir el material de la pantalla per tefló, ací es va mantenir el pergamí però va substituir la bombeta per una altra de baixa emissió calòrica, un tub fluorescent lineal. Un altre problema que calia solucionar derivava també de l'estretor de la pantalla, que ocasionava que la soldadura del pergamí resultara massa evident. Aquest inconvenient es va aprofitar com un estímul per a buscar una solució enginyosa. Si, de totes maneres, la soldadura s'havia de veure, millor fer-la vistosa. Per a això, en comptes de fer la línia d'enganxat rectilínia, el contorn de la pantalla es va acabar amb un perfil ondulat, que dóna un interessant contorn lumínic que només s'aprecia quan s'encén la lluminària.

Anys més tard, en 1996, va arribar una altra versió d'aquesta tipologia. El llum Nomo, dissenyada per a l'empresa Rogu. Ara es tractava de fer un llum-taula tan barata com fóra possible, aprofitant el potencial productiu de l'empresa. Per a això, es va recórrer a elements ja existents i es va pensar que fóra totalment desmuntable a fi d'evitar la mà d'obra del procés de muntatge. La novetat que va aportar Nomo va ser que la font de llum era regulable en altura. Finalment, va poder eixir a la venda per un preu de 72 euros. Per les mateixes dates, va eixir una altra aplicació d'aquest concepte, produït aquesta vegada per l'empresa Almerich. Aquesta vegada, va prendre la forma d'un carret de tres pisos amb rodes, pensat com a taula auxiliar d'un sofà. El llum se situava en el sobre superior.

El reconeixement de la professió. «20 dissenyadors valencians» (1994)

En 1994, l'Institut Valencià d'Art Modern (IVAM) va programar una exposició sobre dissenyadors valencians. L'exposició «20 dissenyadors valencians« va ser la primera dedicada al disseny local i es va celebrar al Centre del Carme de l'IVAM. L'exposició es va presentar a l'antiga directora, Carmen Alborch, que la va acceptar i la va inserir en la programació del centre. El següent director, J. F. Yvars, va respectar la programació i així, el 24 de febrer de 1994, s'inaugurava una exposició peculiar dins de la seua programació habitual.

El centre, situat en un antic convent, té la sala d'exposicions en l'antic refectori i altres sales adjacents. Es va configurar un gran espai compartimentat, l'idoni per a acollir una exposició d'autors. Al centre, es mostrava un recorregut per la història del disseny a València i en els laterals cada dissenyador tenia el seu propi habitacle on presentava una selecció de la seua obra. Cada dissenyador actuava com un comissari de la seu mostra, dissenyant el seu propi espai basant-se en un pressupost determinat i en una superfície limitada. Els suports que es van utilitzar per a presentar les obres anaven des de prototips a productes acabats, mobles sense acabar, projectes no produïts, dibuixos, maquetes i fotografies d'objectes. Eduardo Albors va aportar una visió de la seua extensa trajectòria, remuntant-se als seus començaments en el disseny de lluminàries i mostrant algunes peces de mobiliari.

Aquesta exposició va ser el producte d'una reivindicació dels dissenyadors, que es reconeguera el paper cultural del disseny. Després d'aquesta mostra, l'IVAM va incloure amb més freqüència exposicions sobre disseny industrial i gràfic.

. Així, es van programar mostres com la dedicada a «Ricard Giralt-Miracle» (1996), «Metz & Co. Els anys creatius» (1996), «Mauricio Amster tipògraf» (1997) o «Disseny gràfic en l'era mecànica: la col·lecció Merrill C. Berman» (1999). Aquesta actitud pionera va ser reconeguda per Raquel Pelta en un text escrit en el catàleg de l'exposició «Signos del Siglo. 100 añs de diseño gráfico en España», celebrada al Museu Nacional Centre d'Art Reina Sofia (MNCARS) en el 2000: «Per això, iniciatives com la de l'Institut Valencià d'Art Modern (IVAM) que des de fa anys dóna suport amb fermesa al disseny gràfic, tant amb les exposicions que sovint organitza com amb la gestió dels fons en una brillant política d'adquisicions, són especialment valuoses i ressenyables pel que de sensibilitat amb el disseny demostren» (MNCARS 2000).

A partir de 1995. Canvi de la mentalitat empresarial

Durant la dècada dels anys noranta, i més concretament en la seua segona meitat, el sector de la il·luminació va experimentar un notable canvi. Les grans empreses locals d'il·luminació van ampliar la seua gamma de producte «clàssic» per a oferir productes de disseny contemporani. A mesura que el mercat dels llums «d'estil» s'anava esgotant, els empresaris ampliaven la gamma dels seus catàlegs cap a la producció contemporània. Fins i tot, van aparèixer noves empreses dedicades exclusivament a aquest sector.

Paral·lelament, es va ampliar l'oferta dels plans d'estudi per als futurs dissenyadors industrials i fins i tot el Ministeri d'Educació va crear el títol universitari d'Enginyeria Tècnica en Disseny Industrial. Eduardo Albors va participar com a docent en els nous centres universitaris, en la Fundació Universitària San Pablo-CEU (actualment Universitat Cardenal Herrera-CEU) des de 1990 i a la Universitat Politècnica de València des del 1995 fins al 2000. Aquest contacte directe amb els estudiants va suposar un nou flux de professionals cap al disseny de la il·luminació, un sector que creixia en possibilitats. De fet, Albors va formar els equips de dissenyadors de moltes empreses d'il·luminació, cap als quals va saber canalitzar als nous dissenyadors. A principis de la dècada, ja va treballar amb Javier Gimeno Ariño –un antic col·laborador de La Nave–, en diverses realitzacions per a Zass, Chueca, i posteriorment en Antares i Zul. Antics alumnes, després de períodes de pràctiques professionals amb Albors, estaven preparats per a seguir com a assistents en el seu estudi, o entrar en altres empreses. Aquest va ser el cas de Somerset Harris, qui va començar col·laborant en el seu estudi i actualment treballa per a Chust. Josep Martínez Font ha muntat posteriorment la productora Ona –per a la qual Albors va dissenyar el llum Air (1999). Juanjo Conca i Miguel Herranz van dissenyar per a Celda Iluminación. Alberto Martínez i Pepe García (membres de Cul de Sac) també han dissenyat per a Zul, gràcies a Albors. La llista continua amb Juan Benavente, Roberto Celada, Pilar López, Víctor Pinto, Juan Vicente Pallardó...

Un exemple d'aquest canvi de mercat i de mentalitat empresarial és el cas d'Almerich, una empresa fundada en 1943, originàriament dedicada a la il·luminació i a partir de mitjans dels anys setanta també al moble auxiliar. A partir de 1988, va incloure la col·lecció «Moble Contemporani de Disseny» i durant la dècada següent va renovar també el seu catàleg d'il·luminació. Albors va treballar amb ells durant tres anys (1993-1996) en els quals va dissenyar quatre línies d'il·luminació per a Almerich i diversos productes per a la seua segona marca, Albor.

A banda de l'obertura de les empreses llargament establides, van anar apareixent nous productors. La crisi de 1992-93 s'anava quedant arrere i noves empreses van sorgir, adaptant el seu producte al mercat que ja existia en aquell moment. Aquest és el cas d'Antares, una empresa d'il·luminació tècnica fundada en 1990, amb seu a Riba-roja (València). Albors va treballar amb ells de 1996 a 1998, dissenyant, entre altres, el focus Fly. Hi va haver un projecte que, encara que finalment no es va comercialitzar, mereix un tractament especial. Es tractava del focus 1800 que combinava les característiques d'un focus encastat (ull de bou) i un focus dirigible. Els ulls de bou estan perfectament integrats en l'arquitectura. En estar encastats al sostre, no ocupen cap espai. La seua única limitació és que solen donar una llum de direcció fixa. Aquest model quedava igualment encastat al sostre però es podia extraure parcialment i dirigir la llum a qualsevol punt de l'habitació.

DeO Iluminación

Albors va jugar un paper decisiu en la reconversió d'aquestes empreses. Generalment les propostes partien del mateix dissenyador, qui feia veure als equips directius les seues possibilitats dins del sector de la il·luminació contemporània. El seu coneixement del mercat, de la mecànica empresarial i els seus èxits anteriors amb Lámsar, Ronda o Zass, es van convertir en factors que avalaven el seu servei com a assessor de producte i d'imatge de l'empresa. Un bon exemple d'aquesta interacció dissenyador-empresa va ser la seua experiència amb el Grupo Robles. Aquest gran grup empresarial d'il·luminació que va ser fundat en 1982 a València, durant els anys vuitanta va anar creixent –passant per una reestructuració profunda en 1993–, fins a convertir-se en una gran indústria d'il·luminació. Rogu és una marca d'aquest grup que produeix focus de gran qualitat, un tipus de producte de gran superfície. És una empresa amb un gran potencial, una infraestructura amplíssima i un equip directiu important. Albors va començar a col·laborar amb ells cap a 1995, va dissenyar el llum Lolita i el llum-taula Nomo, comentat anteriorment.

Després de dos anys de col·laboració va veure possibilitats encara sense explotar dins de l'empresa. Va començar a plantejar-los que amb el seu potencial, amb el seu tipus de fabricació, amb els preus que aconseguien,... que seria molt interessant crear una empresa exclusivament de producte d'il·luminació per a instal·lacions. Van començar a definir com podia ser aquest projecte i va sorgir l'empresa DeO, amb fortes inversions i una aposta molt forta pel disseny tècnic. En 1999, es va presentar aquesta nova marca del Grupo Robles en la qual Albors es va involucrar totalment. De fet, va entrar a treballar amb ells amb un contracte anual. Per a això, va deixar de treballar amb Antares. La similitud de les seues dues línies de producció feia impossible compaginar-la amb DeO. Albors va explorar principalment la il·luminació tècnica a través dels focus Boeing o Lunic i també amb el sistema Beda. Posteriorment DeO ha dividit la seua producció en dos catàlegs: un tècnic i un altre decoratiu. En la secció decorativa Albors ha realitzat projectes com Ado, Diva o Trajano.

Celda Iluminación

Manufacturas Celda, un antic client d'Albors també va portar a terme una reconversió de la seua secció d'il·luminació. Celda va ser fundada en 1940 i, des de llavors, havia treballat més intensament el disseny de mobiliari que la il·luminació. Després de les seues primeres col·laboracions durant els anys setanta als mobles de metacrilat, Albors va col·laborar puntualment amb Celda, concretament amb la taula de centre Triplano (1992). En 1998, Albors els va plantejar la possibilitat de fer el paper de director de producte i assessor de la seua línia d'il·luminació. Fins llavors, la producció de llums de Celda s'havia plantejat com a complement de la seua línia de mobiliari. De tant en tant, s'havien inclòs alguns productes en el catàleg; no obstant això, la il·luminació no aconseguia tenir una presència contundent ni una continuïtat dins de l'empresa. La presència intermitent de la il·luminació dins del catàleg no aconseguia que la confiança dels clients es consolidara. Albors va veure possibilitats, va reunir l'equip que començava a treballar amb ells, el va reforçar, va crear una imatge nova, catàlegs, estands, productes... i, el més important, va fer del departament d'il·luminació, Celda Iluminación, una secció permanent dins de l'empresa. La seua continuïtat va afavorir que sorgiren nous clients fixos, interessats concretament en l'apartat d'il·luminació. Albors va desenvolupar per a Celda el programa Duno, un programa de llums que podien lliscar sobre dos rails –basat en el seu model Micro dels anys setanta– i el llum d'escriptori Noa, una versió del llum Taué dels vuitanta, millorada tècnicament.

Producció recent

L'any 2001, la Fundació Universitària San Pablo-CEU (actualment Universitat Cardenal Herrera-CEU) va organitzar una exposició retrospectiva de l'obra d'Eduardo Albors denominada «Eduardo Albors, 25 anys dissenyant llums». En aquesta exposició es va mostrar un recorregut per l'extensa producció del dissenyador. Per a l'exposició, va utilitzar els mateixos expositors mòbils que ja havia dissenyat per a la botiga de Ronda en 1987. Aquests elements aportaven unitat dins de la diversitat de l'obra exposada: llums de peu, suspesos, per al terra, focus tècnics, llums coloristes... Aquesta exposició suposava un exhaustiu repàs de l'obra d'Albors, a qui encara esperaven nous reptes en el camp de la il·luminació.

En 2002, l'empresa Lampshade, proveïdora de pergamí de Celda Iluminación, es va interessar per produir il·luminació contemporània i van contactar amb Albors. No tenien un pla definit sinó vagues propostes de «fer alguna cosa de disseny». Els propietaris de Lampshade tenien una altra empresa, Ilexpa, que produïa elements ornamentals de ceràmica. Per a aprofitar al màxim les seues instal·lacions, van estudiar la possibilitat de produir il·luminació contemporània en un material insòlit... la ceràmica. La infraestructura productiva ja estava present en Ilexpa, a més, la inclusió d'aquest material dins de la il·luminació combinava unes àmplies perspectives tècniques amb un aspecte exclusiu del seu producte respecte a la competència. Albors va preparar un estudi i un plantejament concret per a començar una línia de producció. A pesar de les reticències inicials d'alguns socis, el dissenyador va aconseguir fer-los veure el potencial de la proposta. Així es va crear Zeramic, a la qual Albors va dotar, una vegada més, de personalitat pròpia a través d'un disseny global.

Els principals avantatges eren el baix cost tant del material, com dels processos de producció. Açò es traduïa en àmplies possibilitats d'experimentació formal que no suposarien grans inversions per part de l'empresa. Hi ha formes que mai es plantejarien en altres materials pels alts costos de producció però en ceràmica els motles suposen un cost molt menor que en altres materials i el material en si –aigua i fang– no afig un cost extra. Per donar una idea, el cost en motles de tota la primera col·lecció de Zeramic va ascendir a uns 9.000 euros, l'equivalent a la despesa que suposarien els motles d'una sola xicoteta peça realitzada en injecció de plàstic. Aquests avantatges només els ofereix el vidre encara que, a diferència d'aquest, la ceràmica permet combinar superfícies arestoses sense perill de fractura. Albors va explotar al màxim el potencial del material, desenvolupant qualsevol classe de tipologies des del peu de lectura –Gala–, al llum de suspensió –Gilda, Croma, Candy–, la lluminària de sobretaula –Wendy– o l'aplic de paret. Després de l'èxit de Zeramic, el mateix grup d'empreses va reconduir la producció d'una de les seues companyies, Seval, cap al sector de la il·luminació. En aquest cas, la producció anava destinada a un altre sector de mercat. Albors també va coordinar la seua imatge i línia de productes.

Un cas semblant va ocórrer amb l'empresa Creval, una empresa de llums «clàssics» i aixetes, fundada en 1981, que va decidir orientar el seu producte cap al disseny perquè la seua quota de mercat minvava. Albors va confeccionar un plans de viabilitat, la logística, la filosofia d'empresa i l'assessoria general d'imatge i producte de la nova empresa, Zul. Ací, el protagonisme dels elements metàl·lics, del pergamí i del vidre resulta en una gamma de productes dissenyats durant els mateixos anys que Zeramic però, no obstant això, totalment diferents. Entre aquests, destaca el llum Compàs, un llum de suspensió pensat per a adaptar-se als diferents usos de les taules extensibles, que pot regular la superfície que il·lumina. El llum està compost de dos focus de llum –suspesos del sostre–, que es poden acostar o allunyar entre si en pujar o abaixar un contrapès. Quan la taula aquesta plegada els dos focus s'acosten i ajusten la superfície il·luminada a la grandària de la taula, i al contrari, quan la taula s'estén, els dos focus es poden allunyar entre si, per a abastar així una superfície més gran.

Il·luminació d'exteriors i mobiliari urbà

La il·luminació d'exteriors i d'espais públics havia sigut puntualment explorada per Albors en alguns encàrrecs de Ronda i Trumbo. No obstant això, aquest sector va ser tractat amb més profunditat en la seua col·laboració amb l'empresa Tecnología & Diseñi Cabanes (T&D Cabanes), fundada en 1994 –encara que provinent de l'empresa familiar de Juan Vicente Cabanes fundada, al seu torn, en 1917. Al contrari que altres productes, el mobiliari urbà no va dirigit a l'usuari final del producte sinó a usuaris intermedis, generalment arquitectes que els insereixen en projectes urbanístics. Per tant, les seues peces han d'oferir una imatge contundent però, al mateix temps, poder adaptar-se a projectes diversos, guardant un equilibri entre presència i anonimat. Per a això, alguns productes presenten la possibilitat de ser personalitzats en funció del municipi o de les característiques concretes del projecte.

Els fanals han d'assumir propietats urbanístiques, de la mateixa manera que les lluminàries d'interior assumeixen característiques domèstiques. En 1993, Albors ja havia planificat l'urbanisme general i el disseny arquitectònic d'una urbanització a Dénia (Alacant). Encara que aquest projecte no es va arribar a dur a terme, l'experiència de projectar-lo el va preparar per a tenir una visió general de les necessitats específiques de l'urbanisme, que posteriorment va reflectir en la seua labor per a T&D Cabanes. El fanal Grupius (2004), realitzat en fosa d'alumini a alta pressió, porta un terminal en la part superior on se situa un led. El client tria el color d'aquesta llum, que dóna la possibilitat de definir subzones dins d'extenses àrees amb urbanisme homogeni –com pot ser una zona d'aparcament o una urbanització. Açò permet subdividir grans àrees en, per exemple, la zona roja, o la zona verda, i per tant permet que l'usuari localitze fàcilment la seua destinació. D'altra banda, el fanal Naos (2005) introdueix un focus modular que planteja diverses possibilitats combinatòries. Cada mòdul té la forma d'un sector circular de 120° –el terç d'un anell. Per tant, es pot instal·lar amb un sol sector o afegir-hi més mòduls, fins a tres, que il·luminarien una àrea circular completa. D'aquesta manera es pot unificar la il·luminació d'una zona però adaptant-se a les característiques del projecte. El fanal simple se situaria en els laterals de la zona que s'ha d'il·luminar –per exemple, als costats d'un carrer–, el fanal doble és més indicat per a cantonades i el fanal triple se situaria al mig de la zona que cal il·luminar –indicat principalment per a espais oberts, com ara una plaça.

Conclusió: València, Altea, São Paulo

Albors maneja a la perfecció el vocabulari bàsic del seu ofici: materials, processos de producció i acabats. Aquest domini dels aspectes tècnics l'ha servit en nombroses ocasions com a font creativa. Ha sabut encertar, no sols en els aspectes formals, sinó també en l'adaptació d'un producte a les possibilitats de fabricació d'un client. En aquest sentit, ha sabut traure el màxim partit a la interacció entre empresa i dissenyador, adaptant els seus dissenys a empreses amb grans possibilitats (ex. Rogu) i també amb grans carències (ex. Lámsar).

El seu treball creatiu no s'ha vist sotmès als aspectes productius, en canvi, s'ha alimentat d'aquest. Sobretot, perquè ha sabut utilitzar aquests coneixements d'una forma heterodoxa. Per exemple, en el llum Sorongo (1979) on la necessitat de produir una lluminària amb escassa inversió inicial, el va portar a explorar noves possibilitats per al pergamí. Un material que normalment s'utilitza exclusivament per a les pantalles, per la seua capacitat de matisar la llum, en aquest cas exerceix un paper estructural, formant tot el cos de la lluminària. Un altre exemple és el llum Antorcha (1988). En el camp de la il·luminació, no totes les peces que componen una lluminària estan dissenyades ex profeso, sinó que, començant pels llums en si, molts d'aquests són peces estàndard. La reutilització de peces ja existents es va explorar en aquest disseny on el cos d'aquest llum és, en realitat, la pantalla de vidre d'un disseny anterior. Amb això, obté un llum amb la base transparent. Un concepte sorprenent que ni tan sols va necessitar inversions en la fabricació de matrius. El control sobre les peces existents, les possibilitats i també els requisits que han de complir, el permeten crear nous productes que s'adapten a les possibilitats del client i que a més aporten noves solucions.

Una altra de les seues capacitats, relacionada amb l'anterior, és la seua capacitat de donar la volta a problemes tècnics per a convertir-los en enginyoses solucions formals. Un exemple d'açò és la solució aplicada tant en la pantalla de Trina (1990) com en Duplex (1996), on el tancament de la pantalla de pergamí enriqueix el seu paper constructiu amb un efecte decoratiu. Un altre exemple és el llum China (1983). La seua estructura de fusta sosté els elements de paper i cartó –pantalla i cos, respectivament– i per això es fa necessàriament visible. En pintar-la d'un color cridaner també aporta un atractiu formal al conjunt.

A pesar d'haver treballat majoritàriament en el sector de la il·luminació, Albors ha explorat també els camps de l'arquitectura, l'interiorisme, la fotografia, el mobiliari, el joguet i el gràfic. Tot aquest bagatge l'ha servit per a afrontar amb èxit les seues actuacions de disseny global. Aquestes operacions necessiten un acostament multidisciplinari, que combinen, d'una banda, l'actuació en diversos camps i, d'una altra, l'aplicació d'un criteri coherent i unificador. Només en aquest punt d'equilibri entre la diversitat i la coherència, es pot dotar una empresa d'una personalitat pròpia que mostre una continuïtat entre el seu producte i tots els seus recursos comunicatius. Al cap i a la fi, l'objectiu és la creació d'un tot coherent que mostre una identitat empresarial clara i inspire confiança al consumidor.

Les seues actuacions de disseny global corrien el perill de donar com a resultat una multiplicació d'empreses amb la mateixa personalitat. En canvi, les seues intervencions de base han derivat en diferents conceptes per a cada empresa. Zass, Lámsar, Zeramic o Zul tenen totes una personalitat diferent. Els dissenys per a Zass tenien unes qualitats molt més escultòriques, per la combinació de diferents materials i colors. Tot al contrari que el seu treball per a Zul, més monocrom. Un treball de línies molt clares però, no obstant això, reduït a la utilització de metall i pergamí que aporta un caràcter més esquemàtic.

Una constant formal de la seua obra són les línies sòbries, en molts casos marcadament geomètriques. Precisament, aquestes formes senzilles han donat protagonisme als materials utilitzats en cada cas. La fusta, la ràfia, el pergamí,... aporten la calidesa expressiva a la peça. D'altra banda, aquest factor no ha impedit que el color haja estat present, com en Colorín (1980) o Taué (1983). En cada peça subjau un esquema geomètric, si bé és cert que en aquesta geometria també caben els volums arredonits i fins i tot hi ha lloc per a les corbes. No obstant, són molt escasses les formes orgàniques, encara que, de tant en tant, aquesta constant geomètrica es trenca. En el cas del llum Mariola (2000), a l'esquema del llum de peu es van afegir dues cames femenines de cartó pedra, convertint-se, com Albors assenyala, en dues «cames de saló». Si bé és cert que aquest cas es va plantejar com un element fora de la línia general de Celda, la seua productora. Va ser, doncs, un projecte experimental dins de la col·lecció Modus per a celebrar els 25 anys de l'empresa i atorgar varietat al catàleg.

Per a concloure, hem de qualificar la figura d'Albors com un inquiet explorador, pel que fa a tècniques, sectors industrials o recursos expressius. El metacrilat, l'esprai, el pergamí, la ceràmica, la llum... serveixen de base a la seua recerca constant. Les possibilitats dels materials, ja siguen tècniques o expressives, l'estimulen per a submergir-se en la il·lustració, el mobiliari o la creació d'ambients. Aquesta falta de prejudicis creatius l'ha permès traslladar el llenguatge del joguet a la il·luminació, trobar la forma d'un llum en un tap d'esprai o projectar voltes lluminoses. Aquests transvasaments requereixen un domini de cada sector perquè oferisquen resultats òptims i no es convertisquen en sonats desastres. La seua permeabilitat s'obri a estímuls de distintes procedències. La llum de València, el mar d'Altea o la samba de São Paulo, configuren un panorama de riques i diverses referències vitals que es plasmen en la seua no menys rica i diversa obra creativa.

Javier Gimeno Martínez
Katholieke Universiteit Leuven (K.U. Leuven)

Fitxes d'obres

1. Lluminària Micro (1979) produïda per Lamsar

Les lluminàries solen respondre a tipologies establides: de sostre, de sobretaula, de peu,... del primer esbós –generalment un llum de sobretaula– es passa a conformar una «família# completa que siga coherent. És a dir, el primer model es tradueix a les altres tipologies amb la condició que totes guarden lògica unitària. Micro és una proposta que se n'ix d'aquests esquemes. Un sol model s'adapta a diferents usos. Consisteix en una font de llum que llisca a través de dos rails. Els dos tubs acaben en una base que al seu torn es pot regular en inclinació. Aquest senzill esquema tenia multitud d'aplicacions: al sostre, com a focus orientable –que a més es podia regular en altura–, com a llum de taula de despatx o també com a aplic de paret. El seu aspecte se situa a mitjan camí entre el focus tècnic i el flexo de despatx. Així, aporta un caràcter de «plató de fotògraf» als interiors que il·lumina. Micro va rebre una selecció en l'edició dels Premis Delta (ADI FAD) de 1986.

2. Llum Sorongo (1979) produït per Lamsar

Cada nou model suposa una inversió, per part de l'empresa, quant a la fabricació de nous components. Aquesta inversió inicial ocasiona un risc, perquè pot ser recuperada o perduda, depenent si el model troba acceptació en el mercat o no. Lámsar va proposar que aquest llum tinguera una inversió inicial mínima. Per a això, tots els components deriven de processos que no requereixen motles ni nova maquinària. En canvi, es basen en processos industrials senzills, fins i tot alguns components són estris d'ús comú. El suport de base és un cercle metàl·lic entallat que abraça la base. Al seu torn, la base i la pantalla provenen d'un pergamí encunyat per a formar sengles cons, que es tanquen per mitjà de clecs de roba. La pantalla està unida a la base utilitzant agulles de ganxo del cabell. Però, a més d'aquesta inversió inicial mínima, els costos de producció són encara menors. El llum es presenta com un kit de muntatge que l'usuari ha d'acoblar en casa. Per tant, els costos de muntatge descendeixen a zero. Aquest sistema «Faça-ho vostè mateix» es reservava a objectes de fàcil acoblament, com en aquest cas, i va estar molt estès durant els anys setanta. El resultat va ser Sorongo, un llum que va tenir limitacions de pressupost inicial però que no van afectar el resultat creatiu. Al contrari, van servir com a al·licient per a trobar solucions imaginatives i crear un model nou. Curiosament, la llum no prové de la pantalla superior sinó que la base mateixa conté la font de llum, al contrari que altres llums de sobretaula.

3. Llum Colorín (1980) produït per Lamsar

Durant aquests anys, Albors dissenyava joguets en fusta per a la primera edat –jocs de construcció, vehicles...–, utilitzant fustes tornejades lacades en colors bàsics i acoblades amb sistemes bàsics com passadors, flocs... Va traslladar la seua experiència en aquest camp a la il·luminació, i va donar com a resultat Colorín, un joguet per a adults. Es va haver d'utilitzar aglomerat compacte (DM) en compte de fusta, perquè aguantava millor la calor sense deformar-se. Hi havia haver alguna cosa en l'ambient que invitava a transformar els objectes d'ús quotidià en joguets. Com ell mateix apunta, Albors es va avançar a les propostes del grup italià Memphis, que van presentar la seua primera col·lecció en 1981 a Milà. Allí van mostrar la seua pròpia versió del disseny radical italià que ja s'estava desenvolupant en anys anteriors. Les seues propostes es basaven en objectes colorits que desafiaven qualsevol convenció sobre el bon gust i l'elegància. En canvi, invitaven a produir nous objectes domèstics plens referències simbòliques.

Aquest llum va ser l'últim disseny d'Albors per a Lámsar, encara que posteriorment va ser represès per Ronda, que va continuar amb la seua producció, incorporant-lo al seu catàleg des de la primera col·lecció de 1984.

4. Convector elèctric (1977-1982) produït per Punto Rojo

Albors recorda Punto Rojo com una de les primeres empreses de València que «van saber» encarregar disseny. Acudien als dissenyadors amb propostes concretes i duien a terme un seguiment pròxim del projecte. De fet, Albors hi va estar treballant com a assessor durant dos anys, coordinant les característiques dels seus productes i la comunicació.Aquest convector d'aire calent té un interessant estudi de les peces. La carcassa necessitava dues peces en injecció de plàstic, que requereixen d'uns motles molt costosos.

Per a rebaixar els costos inicials, Albors va fer un estudi i va decidir que amb només un motle trauria les dues peces corresponents al frontal i a la part posterior. La forma resultant consistia en un rectangle amb un agafador i un orifici. En la part davantera, l'agafador feia les funcions d'ansa per a poder transportar l'aparell i l'orifici allotjava un punt de llum. En canvi, en la part posterior, l'agafador feia les funcions de pota, que procurava la inclinació adequada. L'orifici servia llavors per a traure el cable. Un model que atorgava varietat al catàleg de l'empresa però que, pel seu calculat disseny i creació de les peces, implicava poca inversió inicial.

5. Llum d'escriptori multidireccional Taué (1983) produït per Ronda

Les mateixes influències constructives i formals que ja estaven presents en Colorín es van traslladar a un dels primers dissenys d'Albors per a Ronda. El llum d'escriptori Taué reprodueix el llenguatge colorista dels joguets de fusta, a més de la seua transparent lògica constructiva. El suport vertical culmina en una esfera que gira sobre el seu eix i que té practicat un trepant transversal. Aquest trepant subjecta el braç del llum, que llisca a través d'aquest orifici, i permet que el focus de llum s'acoste o s'allunye de l'usuari, gire sobre si mateix i també respecte al suport vertical. Aquest model es produïa en dues versions: o amb una base mòbil o amb una base en forma d'agafador que es fixava a la taula de treball.

6. Lluminària de sobretaula China (1983) produïda per Ronda

Si Sorongo ja tenia un poc de papiroflèxia en la seua construcció, China va ser la culminació de l'experimentació d'Albors amb estructures de paper.L'estructura de fusta és molt senzilla i lleugera, sobre aquesta s'adapten la pantalla de pergamí i la base de cartó. Amb les adequades mosses s'aconsegueix que uns materials tan fràgils donen com a resultat un objecte consistent. Els extrems de l'estructura sobreïxen de la pantalla, fent visible l'enginyosa lògica constructiva de l'objecte. Com en el cas de Sorongo el conjunt es venia sense muntar, preparat perquè el muntara el comprador.China i Cometa marquen l'interès dels dissenyadors per les formes orientals que, juntament amb les formes coloristes del disseny radical italià, van representar els principals referents formals d'aquells anys. Una influència que s'adverteix també a la butaca Japan de José Juan Belda, que va produir Martínez Medina.

7. Pistola per a neteja per ultrasons (1985) produïda per Jaso Ultrasonidos

L'empresa Jaso Ultrasonidos produïa des de feia anys aparells d'ultrasò per a neteja i desgreixatge de peces d'ús industrial en materials metàl·lics i plàstics. En canvi, aquest encàrrec consistia a realitzar una pistola de neteja per a tintoreries que havia de ser fàcilment manejable. L'artefacte consistia en un dipòsit per a emmagatzemar el dissolvent, una mànega i una pistola, que tenia la doble funció de polvoritzar el dissolvent i emetre ultrasons. El dissolvent s'adheria a les taques i posteriorment s'emetien els ultrasons, que tenien la funció de «fregar» la taca. El gran avantatge era que l'operari no necessitava utilitzar elements tèxtils per a fregar la taca que podien deixar restes en la roba. La pistola era la peça que manejava l'usuari i, per tant, la que va requerir més treball per part del dissenyador. La primera cosa que calia decidir era la seua forma concreta. No es coneixien estris d'aquest tipus, per això es va recórrer a altres artefactes coneguts que ja solucionaven problemes semblants. S'havien de tenir en compte aspectes ergonòmics i que l'usuari havia de manejar un element pesant amb el qual havia d'apuntar cap un objectiu concret. A més, havia de disposar d'un mecanisme per a connectar-lo i desconnectar-lo fàcilment. El referent més idoni semblava la màquina de trepar, que incloïa el mànec i el gallet al lloc més adequat. Aquest aparell oferia un aspecte familiar que feia veure immediatament el mode d'utilització. Encara així, el conjunt havia de ser més lleuger, els trepants inclouen peces molt pesants en la carcassa com ara peces de fosa de zamac i altres components metàl·lics que la fan més resistent. En aquest cas, la resistència havia de combinar-se amb el fàcil maneig. Es pretenia que aquesta pistola podia ser utilitzada per una àmplia gamma d'usuaris, dones i homes, amb major o menor força física. La pistola contenia elements ja de per si pesants, per tant, la carcassa havia de ser tan lleugera com fóra possible. Per a això, es va dissenyar una carcassa d'injecció de plàstic que oferia l'equilibri just entre resistència i lleugeresa. Aquesta peça va rebre una selecció per als Premis Delta de l'ADI FAD en 1986.

8. Lluminària de sobretaula Antorcha (1988) produïda per Zass

En plena febre preolímpica, Albors va dissenyar el llum de sobretaula Antorcha, que consta d'una pantalla i una base de vidre. La pantalla és un pergamí enrotllat amb un perfil ondulat que recorda la forma de les flames. Aquesta peça s'insereix en una peça de vidre cònica que, en realitat, era una pantalla dissenyada per a un llum anterior. En canvi, ací aquest element serveix de base que conté el portabombetes i la reactància del tub fluorescent.Durant l'edició del SIDI de 1988 es va apreciar que els dissenyadors espanyols incorporaven corbes als seus productes i recuperaven la fusta després d'uns anys en què havien predominat les peces metàl·liques. Durant els últims vuitanta i primers noranta, aquestes característiques van anar forjant un senyal d'identitat del disseny espanyol que es va relacionar amb una certa inspiració mediterrània. Antorcha, i en general la producció d'Albors per a Zass, encaixa dins d'aquesta línia. En dissenys com Sor s'aprecia la utilització de la fusta, combinada amb metall i en Ícaro, la utilització de corbes i les referències concretes a la tradició mediterrània.

9. Gandula Apsaras (1991) produïda per Jóquer

Les gandules són objectes difícils de dissenyar. Són mobles de repòs, però solen tenir mesures i inclinacions fixes que, per tant, no s'adapten a persones de diferent talla. En aquest cas, el respatler de la gandula es pot regular arribant fins i tot a la posició de butaca. D'aquesta manera s'aconsegueix una major adaptabilitat a possibles usuaris i també major versatilitat de possibles usos.Els mobles regulables en inclinació o en altura se solen utilitzar o en activitats a l'aire lliure o en ambients de treball. Aconseguir que un moble plegable, regulable, inclinable… s'integre en l'àmbit domèstic no és tan fàcil. Hi ha hagut intents que oferien avantatges obvis però que paradoxalment no han conegut l'èxit comercial. Per exemple, la cadira de saló plegable Sister Moon que Bañó+Asociados van dissenyar en 1989 per a Punt Mobles. Una cadira que es podia plegar i emmagatzemar en poc espai. En aquests casos, prevalen les associacions d'aquests dissenys amb els mobles de «càmping» o d'oficines sobre els avantatges funcionals que puguen oferir. La gandula Apsaras aconsegueix unir els dos aspectes. D'una banda, els avantatges funcionals dels mobles adaptables, i d'una altra, l'aparença confortable d'un moble quotidià.

10. Taula de centre Triplano (1992) produïda per Celda

Aquesta taula es compon d'un sobre de vidre que descansa en tres petges de tub d'acer. Davall el sobre de vidre es troben tres safates auxiliars de fusta que poden desplegar-se a fi de duplicar la superfície de la taula. Aquestes tres safates tenen rodes que els permeten girar amb facilitat i que, al mateix temps, exerceixen la funció de petges auxiliars, els quals dupliquen el suport de la taula quan està desplegada. Així, el conjunt continua mantenint la seua estabilitat en les dues posicions. Les taules de centre es troben en zones de pas de la casa. Per tant, si són molt grans utilitzen massa espai i si són massa xicotetes no ofereixen bastant capacitat quan estan desplegades. La Triplano permet i facilita la circulació en estar plegada però, al mateix temps, ofereix la possibilitat d'augmentar la seua capacitat, quan es necessita.

11. Lluminària de suspensió Duplex (1996) produïda per Almerich

Per a il·luminar espais de dues altures o buits d'escales hi ha poca oferta en el mercat. A l'hora d'abordar aquesta tipologia, Albors es va basar en un esquema modular compost per un element clàssic en il·luminació com és la pantalla troncocònica. Per combinació de diverses pantalles es va aconseguir una major que cobria els requisits d'altura.

A més, l'addició o eliminació de pantalles oferia possibilitats de menor altura que completaven la «família» fàcilment. Les pantalles juguen amb la transparència del pergamí, el qual té un extrem ondulat irregular que, en enrotllar-se, produeix dibuixos en la mateixa pantalla, recurs que ja va utilitzar en la taula-llum Trina (1990). La font de llum la produeixen 3 tubs incandescents tipus «linestra» d'1 metre de longitud. El model més alt fa 1,32 metres d'altura.

12. Focus Fly (1996) produït per Antares

El primer encàrrec d'Antares va ser un projector per a bombeta halògena dicroica. És fàcil de reconèixer pel seu reflector poligonal, És molt utilitzada en focus encastats i ofereix una llum molt potent. Al seu torn projecta una gran quantitat de calor cap a la part posterior, per la qual cosa ha de comptar amb una bona ventilació. Tant en focus com en ulls de bou ja s'havien dissenyat multitud de variants en els últims anys. La solució d'Albors va ser ocultar la bombeta mitjançant un caputxó obert en la part posterior a fi de garantir una ventilació òptima. Aquesta coberta es desmuntava fàcilment per a poder canviar la bombeta, però al mateix temps, la diferenciava d'altres productes semblants.Segons Albors la forma li va sorgir en unir un dosificador d'esprai i un got de plàstic. El dosificador va inspirar la peça d'unió entre la bombeta i el tub que la uneix al sostre. Al seu torn, el got, de perfil corb, va definir la forma bombada del caputxó.

13. Sistema d'il·luminació Beda (2000) produït per DeO

El sistema Beda va sorgir de la necessitat de crear una il·luminació per a instal·lacions que no generara reflexos ni ombres. La millor manera de no generar ombres és a través de la llum reflectida. Les llums de peu que apunten al sostre generen aquest tipus de llum, però fins que la llum arriba al sostre perd intensitat i només es reflecteix un percentatge. Per a aprofitar el màxim d'intensitat, aquest sistema es va concebre amb la font de llum i la superfície reflectora unides. El resultat són aquestes voltes lluminoses. Els tubs fluorescents se situen a un costat i a l'altre de les voltes, es poden regular en intensitat i estan coberts en la part inferior per a no originar reflexos. Les voltes poden ser senceres o mitges i als seus carrils es poden afegir focus o elements de senyalització. Aquest sistema va rebre una selecció en l'edició dels Premis Delta (ADI FAD) de 2001.

14. Llum de sobretaula Viropa (2000) produït per Celda Iluminación

Viropa es basa en un enginyós procés per a dotar d'un aspecte familiar una tipologia poccomuna. El llum de sobretaula de pantalla troncocònica és un esquema tan simple que es pot assenyalar com l'arquetip de les lluminàries domèstiques. Aquesta tipologia produeix generalment una il·luminació ambiental tamisada per la pantalla. Les seues prestacions es podrien ampliar amb una llum dirigida que seria útil, per exemple, quan l'usuari està llegint. Per a aconseguir açò, el millor seria combinar aquesta llum ambiental amb algun tipus de focus dirigible. Previsiblement, aquesta tipologia no mostraria un aspecte familiar i, per tant, no hauria sigut ben rebuda en el mercat. Per això, aquest model combina l'esquema funcional de dos focus dirigibles amb l'aspecte exterior d'un llum troncocònic. Això sí, dividit per la meitat i amb una articulació de gir per a cada una de les parts.

15. Lluminària de sobretaula Wendy (2002) produïda per Zeramic

La ceràmica permet realitzar peces de grans mides amb una inversió mínima. El procés de producció de peces ceràmiques «per colada» és ideal per a crear pantalles, perquè reprodueix un volum massís en una forma buida d'una manera natural. La primera operació consisteix a dissenyar la peça i crear el volum massís a mida real. De cada forma es trau un contramotle que reprodueix la peça en negatiu. Aquest motle s'ompli fins a la vora amb la pasta ceràmica encara líquida. Aquesta pasta no solidifica per tots els punts simultàniament, sinó que comença a solidificar per les parets de la peça, les que estan en contacte amb el motle. Quan es calcula que ja ha endurit un gruix suficient –sol tractar-se d'uns 5 mm–, es deté el procés d'enduriment. Es tira el sobrant que encara està líquid i es trau la peça del motle. El resultant té encara una consistència blana i reprodueix, en buit, la forma de la peça original. Per a endurir-la, s'introdueix la peça en el forn. Després del procés de cocció, es repassa a fi d'afinar el contorn de la peça, s'hi aplica el revestiment i ja està preparada. El model Wendy hauria sigut més complicat de realitzar, i també més car, en plàstic. La forma buida s'hauria hagut de fabricar per injecció en dues meitats simètriques, d'una altra manera no s'hauria pogut traure del motle. Una forma tan complexa de realitzar en plàstic s'obté fàcilment en ceràmica d'una sola peça. El volum resultant és molt net, no presenta ni soldadures, ni juntes.

Bibliografia

Bibliografia general:

Diseño Comunicación (1978-83) *Diseño comunicación*, 2, 3, 5-11, 17, 21-24. València: Instituto de Promoción Industrial.

Cañas, Gabriela (1985) "Made in Valencia", *El País. Artes*, 22 de juny.

Muñoz, Manuel (1985) "El mueble está servido. La Feria de Valencia supone el despliegue del diseño español de mobiliario", *El País. Artes*, 28 de setembre: 1 i 6.

IMPIVA (1986) *Memoria 1985. Anexo*. València: Instituto de la Pequeña y Mediana Industria Valenciana.

IMPIVA (1986 (1985)) *Informe Cero: Situación del diseño en la Comunidad Valenciana*. València: Instituto de la Pequeña y Mediana Industria Valenciana.

VV. AA. (1988) "Fabricar disseny", *El País. Extra*, 21 de desembre.

IMPIVA (1989) *Catálogo de profesionales de diseño industrial y gráfico*. València: Instituto de la Pequeña y Mediana Industria Valenciana.

Coad, Emma Dent (1990) *Spanish design and architecture*. Londres: Studio Vista.

Aracil, Rafael, Oliver, Joan i Segura, Antoni (1995) *El mundo actual. De la Segunda Guerra Mundial a nuestros días*. Barcelona: Universitat de Barcelona.

Buesa, Mikel i Molero, José (1996) *Innovación y diseño industrial. Evaluación de la política de promoción del diseño en España*. Madrid: Civitas.

MNCARS (1998) *Diseño industrial en España* [cat. exp.]. Madrid: Museo Nacional Centro de Arte Reina Sofía.

MNCARS (2000) *Signos del siglo. 100 años de diseño gráfico en España* [cat. exp.]. Madrid: Museo

Bibliografia específica (classificació cronològica):

1979

- Caps i Mans (1979) "Caps i Mans. Grupo de diseño. Valencia", *Informaciones. Revista del Gremio Provincial del Comercio de Muebles*, gener: 1-7. Barcelona.
- Albors, Eduardo (1979) "El diseño industrial en el País Valenciano", *Diseño comunicación*, 9, setembre/octubre: 1-2. València : Instituto de Promoción Industrial.

1981

- Caps i Mans (1981a) "Iluminación producto 'Made in Spain'", *Diseño comunicación*, 14, abril: 2-3. València : Instituto de Promoción Industrial.
- Caps i Mans (1981b) "'Sorongo' la solución para un problema", *Diseño comunicación*, 14, abril: 4. València : Instituto de Promoción Industrial.
- Caps i Mans (1981c) "Colaboración empresa-diseñador. Una experiencia productiva", *Diseño comunicación*, 14, abril: 5. València : Instituto de Promoción Industrial.

1984

- Ronda (1984) "...apresentaçao da nova imagem e produto Ronda..."[op.], abril. São Paulo: Ronda.

1985

- Laguna, Teresa (1985) "...Y la nave paró en Casablanca hasta el amanecer. La noche del diseño en Valencia", *Levante*, 28 de setembre.
- La Nave (1985) "La Nave del diseño", *On Diseño*, 64: 109-114. Barcelona.

1986

- EAC (1986) *Espai d'art contemporani*, 2, desembre .València.
- La Nave (1986) *La Nave. Diseño* [op.]. València.
- Prats Rivelles, Rafael (1986) "E la nave va... Espai d'Art Contemporani", *Valencia-fruits*, 21 i 28 de desembre: 23. València.
- Prats Rivelles, Rafael (1986) "En el E.A.C. La tarea diseñadora de La Nave", *Levante*, 26 de desembre: 37.
- BCD (1986) *Catálogo de productos seleccionados para los Premios Delta 1986* [cat. exp.], "Colección Temas de Diseño". Barcelona: Fundación BCD.
- ON (1986) "ADI FAD. Premis Delta '86", *ON Diseño*, 74: 16-37. Barcelona.

1987

- Clemente, Juan (1987) "ADGFAD. Premios Laus 86", *La luna de Madrid*, 36, febrer: 66. Madrid.
- El País (1987) "Creadores valencianos exponen sus propuestas sobre el diseño de sillas", *El País*, 20 de novembre. Madrid.
- Ginés, Eugenio (1987) "Una interpretación libre sobre una silla de estilo Luis XV. La muestra se puede contemplar en la sala de exposiciones del Ayuntamiento", *Las Provincias. Habitar*, 28 de novembre.
- De Diseño (1987) "Crónicas. Ésto no es una silla", *De Diseño*, 13: 125. Madrid.
- D&I (1987) "Prédio e produto, uma só linguagem. Ronda Iluminaçao (loja III)", *Design & Interiores*, 1: 13-17. São Paulo.

1988

- ADCV (1988) *Ésto, no es una silla* [cat. exp.]. València: Asociación de Diseñadores Profesionales de Valencia.
- Blanco, Ignacio y González, Gema (1988) "Los doce mejores DNI", *Levante*, 16 d'abril: 73.
- Lavernia, Nacho (1988) "Ésto no es una silla. Exposición de diseño experimental en Valencia", *Ardi*, maig: 86-87. Barcelona.
- La Nave (1988) "Un rumbo insólito. Los diseños del grupo valenciano La Nave", *Ardi*, setembre-octubre: 146-193. Barcelona.
- Lavernia, Nacho i Nebot, Daniel (1988) "La Nave. No son malos tiempos para la lírica", *On Diseño*, 95: 44-47. Barcelona.
- Ortega, Marisa (1988) "La Nave sigue su curso", *El Globo*, 29 d'agost: 80-82.
- Borges, Adélia (1988) "E La Nave vem", *Design & Interiores*, 7, 1988: 100-104. São Paulo.
- Fernández, Lluis (1988) "La Nave", *Nuevo Estilo*, setembre: 12. Madrid.

1989

- Julier, Guy (1989) "La Nave: Valencia. Sun, sea and anarchy", *Blueprint*, desembre: 35. Londres.
- Gap Casa (1989) "La Nave. L'arca di Noè del diseno valenciano", *Gap Casa*, març. Milà.
- Panorama (1989) "Los protagonistas de la modernidad mediterránea. La 'posmovida' revoluciona la ciudad", *Panorama*, 95, març: 58-65.
- Borges, Adélia (1989) "Férteis trilhas da intuição", *Design & Interiores*, 15: 70-74. São Paulo.
- Fernández, Lluis (1988) "La Nave", *Nuevo Estilo*, setembre: 12. Madrid.

1989

- Julier, Guy (1989) "La Nave: Valencia. Sun, sea and anarchy", *Blueprint*, desembre: 35. Londres.
- Gap Casa (1989) "La Nave. L'arca di Noè del diseno valenciano", *Gap Casa*, març. Milà.
- Panorama (1989) "Los protagonistas de la modernidad mediterránea. La 'posmovida' revoluciona la ciudad", *Panorama*, 95, març: 58-65.
- Borges, Adélia (1989) "Férteis trilhas da intuição", *Design & Interiores*, 15: 70-74. São Paulo.
1990

- Dunia (1990) "La Nave. Estrellas del diseño valenciano", *Dunia*, abril: 38-40. Barcelona.

1991

- Pardo Alonso, Lorena (1991) "Eduardo Albors. Diseños con talismán", *Infomueble decoración*, desembre: 67-75.

1992

- Diseño Interior (1992) "Eduardo Albors. Mesas Trina y Triplano. En busca de soluciones definitivas", *Diseño Interior*, 18, setembre: 50A. Madrid.
- DOM (1992) *Diseño de Objetos y Mobiliario* [cat. exp.]. València: Generalitat Valenciana. Presidència.

1993

- Ardi (1993) "Colección Fórum de Chueca", *Ardi*, 31, gener/febrer: 166-167. Barcelona.

2000

- Álvarez, Ana (2000) "La prolífica carrera de Eduardo Albors", *Informaciones de luz*, 9, abril: 52-63.
- Albors, Eduardo (2000) Entrevista amb l'autor, novembre.

2001

- Albors, Eduardo (2001) *Eduardo Albors. 25 años diseñando lámparas* [CD].

2002

- Gimeno, Javier (2002) "La Nave: how to run an anarchical design company", dins *Journal of Design History*, 15 (1): 15-32. Oxford University Press.

2005

- Albors, Eduardo (2005) Entrevista amb l'autor, maig.